Keine Sinnfragen, bitte!

GUNTER DUECK

KEINE SINNFRAGEN, BITTE!

Wir arbeiten leidenschaftlich – für die Tonne

Campus Verlag
Frankfurt/New York

ISBN 978-3-593-51611-0 Print
ISBN 978-3-593-45231-9 E-Book (PDF)
ISBN 978-3-593-45230-2 E-Book (EPUB)

Umschlaggestaltung: total italic, Thierry Wijnberg, Amsterdam/Berlin
Umschlagmotiv: shutterstock/jesadaphorn
Redaktion: Christina Seitz
Innengestaltung und Satz: Oliver Schmitt, Mainz
Gesetzt aus der Livory, DIN Next und Verveine
Druck und Bindung: Beltz Grafische Betriebe GmbH, Bad Langensalza
Beltz Grafische Betriebe ist ein klimaneutrales Unternehmen (ID 15985-2104-1001).
Printed in Germany

www.campus.de

Es macht keinen Sinn, denselben Fehler zu wiederholen.
Wer das tut, ist dumm.
Schlauer ist es, alle Fehler lachend zu vergessen.
Dann passiert es immer frisch.

Inhalt

Einleitung: Unsinn hat viele Farben

Müll ist nicht gleich Müll. Wir sortieren ihn in verschiedenen Tonnen und Tüten: Plastik, Verpackungen, Grünschnitt, Bauschutt, Elektronik, Medikamente, Batterien, Altöle, Farbreste oder Holzmöbel. Jede Art von Müll stellt für sich ein Problem dar, das spezifisch gelöst werden muss.

So wie es verschiedenen Müll gibt, gibt es verschiedene Ausprägungen der Vergeblichkeit, wenn wir frustriert für die Tonne arbeiten: Projekte werden wegen Problemen beim Quartalsabschluss »eingestellt«, Meetings sind »unfruchtbar«, die Bürokratie schlägt Kapriolen, Manager treffen falsche Entscheidungen, Karrieregeilheit fordert Opfer, Unfähige begehen folgenschwere Fehler, Patzige vergrätzen gute Kunden und jeder hält die Klappe bei Sinnlosigkeiten, die von oben angeordnet wurden.

Alle solche Problematiken führen zu endloser Mehrarbeit: Experten fixen Fehler von Unqualifizierten und kommen nicht zu ihrer eigentlichen Arbeit. Unnötige Konflikte müssen unter großem Aufwand emotional und sachlich entschärft werden. Fehlentscheidungen erzwingen Ehrenrunden, und es führt zu großem Unmut, wenn das Management nicht nach den Leadership-Prinzipien agiert, die es selbst propagiert. Unter zu hohem Druck wird getäuscht, getrickst und geschummelt. Ein Teufelskreis.

Wie konnte es so weit kommen? Ganz einfach: Das Management giert, durch hektische Prozessorientierung immer neue »Effizienzen zu heben« – so der übliche Jargon. Dabei setzt es die Loyalität der Mitarbeiter aufs Spiel und riskiert instabile Zustände. Nichts funktioniert mehr ohne große Debatten, alles wird immer absurder.

Zusätzlich beginnen Mitarbeiter nun vermehrt Sinnfragen zu stellen, weil der immense Druck inzwischen kontraproduktiv geworden ist. Das liegt daran, dass das seit Jahren andauernde Schrauben am Einsparungsrad etwas Entscheidendes im Unternehmen verdrängt hat: den Sinn für Exzellenz, jede größere Innovation, die Zukunftsfähigkeit im Ganzen und den Sinn für den Sinn der Arbeit.

Das zeigt auch die derzeitige – ziemlich alberne – Suche der Unternehmen nach ihrem »Purpose«. Jedes Unternehmen muss nun, so verlangt es eine neue Etikette, einen kulturell wertvollen Corporate Purpose haben, einen CP, der den höheren Zweck des Unternehmens in der Öffentlichkeit ausdrückt. Dieser höhere Zweck sollte einer sein, der über die Absicht der schnöden Profitgenerierung hinausgeht. »Existenzsicherung der Mitarbeiter« wäre ja schon schön, finde ich. Leider wird nur »Whitewashing« betrieben: Natürlich liegt der erfundene Purpose auf dem Gebiet der Nachhaltigkeit und der allumfassenden Humanität. Mehr kommt nicht heraus, wenn speziell dafür eingerichtete Purpose-Taskforces fiebernd aktiv werden. Auch hier wird vor allem für die Tonne gearbeitet.

Kurz: Viele Unternehmen sind im Zuge der Einsparungen und der schleichenden Kündigungen der psychologischen Kontrakte zu – ich nenne sie kurz – »Ausreichend-Unternehmen« verkommen, denen der gesunde Menschenverstand verloren ging. Früher sagte man stolz: »Ich arbeite bei XY!« Antwort: »Da geht es dir gut.«

Heute sagt man nicht so gern: »Ich arbeite bei XY!« Denn die Antwort könnte lauten: »Hm.«

In diesem Buch möchte ich einen weiten Bogen schlagen und möglichst verschiedene Sinnlosigkeitsherde in die Tonne treten. Diese finden sich vor allem in den gerade erwähnten Ausreichend-Unternehmen.

Im Großen und Ganzen destilliere ich so die Erkenntnis heraus, dass die Problematiken ihre gemeinsame Wurzel im Gesamtsystem oder in der sogenannten Unternehmenskultur haben. Es ist wie im Privatleben: Manche Menschen haben alles im Griff und bekommen vieles gleichzeitig hin, verdienen ihr Geld und führen ein gutes Leben. Andere quälen sich eher durch ihre Arbeit, die sie fast nur im »Ist mir egal«-Modus gegen Geld ableisten. Sie stolpern von einem Problem ins andere. Seien Sie stark, und nehmen Sie es hin: Bei Unternehmen ist es wie bei Menschen. Da klappt in einem Unternehmen so ziemlich alles ganz gut, in einem anderen ist man mehr mit »hausgemachten« Problemen und Unzulänglichkeiten beschäftigt.

Das ist ganz sicher weder schicksalhaft noch genetisch bedingt. Deshalb kann man hier gut fragen: Wie kommt man von einem Zustand in den anderen – und eventuell wieder zurück? Es wird wohl nötig sein, das Problem ganzheitlich anzuschauen und dadurch endlich seine Schwere anzuerkennen.

Es ist ja so: Ausreichend-Unternehmen werden oft von Ausreichend-Managern geleitet. Gerade so wie schlechte Lehrer fordern diese simplen Chefs einfach gute Leistungen von mittelmäßigen Schülern/Mitarbeitern, streichen unbeirrt Fehler an und verordnen Nacharbeit. Sie selbst fühlen sich für das grassierende Mittelmaß nicht verantwortlich, denn sie haben alle Mitarbeiter nach Kräften ermahnt und ausgeschimpft (»Das Ergebnis ist inakzeptabel!«). Sie haben ihnen sogar die Gehälter und Boni gekürzt und eine Reorganisation der Hauptverwaltungstürschilder angestrengt – kurz: Ausreichend-Chefs geben sich alle Mühe, ihre Mitarbeiter durch eine straffe mittelmäßige Organisation zu motivieren. Sie erreichen damit aber logischerweise eher das Gegenteil.

So ein Ausreichend-Unternehmen ist im Durchschnitt abteilungsübergreifend ausreichend. Es hilft nichts, wenn Sie persönlich, lieber Leser, eine einzelne Quelle des Lichts darstellen. Sie müssen in Ihrer Firma schon eine größere Reichweite Ihrer Einsichtigkeit erzielen, nicht bloß an Ihrem speziellen Arbeitsplatz. Schauen Sie sich um! Nehmen Sie die grassierende Schwarmdummheit wahr? Gilt bei Ihnen das Motto »Humor ist, wenn man resigniert weiterwurstelt«? Oder ist die Stimmung angespannt still?

»Cum tacent, clamant« sagt der Lateiner, »sie schreien, indem sie schweigen«. Für dieses Buch ändere ich das sanft.

»Cum rident, clamant.« oder: »Schimpfen Sie, indem sie lachen.«

Dieses Buch enthält daher nicht viele Ratschläge, wie die Ausreichend-Lage nun konkret zu verbessern wäre. Nach solchen Ratschlägen werde ich immer wieder gefragt. Warum denn? Wenn ein Ausreichend-Unternehmen zu einem Befriedigend-Unternehmen aufsteigen will, ist der Weg doch klar: Es ist eine Ochsentour fällig, endlich das Richtige zu tun! Der Fokus auf das Überstehen der nächsten Prüfung oder des Quartalsendes hält im Keller fest. Das ist auch schon zu Schulzeiten so gewesen:

»Papa, frag mich mal diese hundert Englisch-Vokabeln ab. Morgen ist ein Test.«

»Was heißt *ratio* auf Deutsch?«

»Äh, äh, Moment, ah! Verhältnis.«

»Kennst du *ratio*, *rationis* aus dem Lateinischen?«

»Weiß nicht, Papa, das ist auch nicht wichtig, weil ich morgen einen Test bestehen muss. Frag weiter.«

»Hast du schon mal die Wörter Ratio oder rationell im Deutschen gehört?«

»Papa! Frag weiter Vokabeln, alles andere muss ich morgen nicht wissen!«

»Du lernst erheblich besser, wenn du die Zusammenhänge verstehst. Am besten entwickelst du ein Gefühl für europäische Sprachen.« Das Kind reißt dem Vater das Buch weg.

»Ich gehe zu Mama, die macht einfach, worum ich sie bitte.« Es verlässt den Raum. Der Test ist am nächsten Tag …

Sie wissen schon. So wie ein Kind arbeiten viele nur für morgen, ich meine, für das Quartalsergebnis. Weil das in Gefahr ist, werden Dienstreisen und Einkäufe gestoppt sowie alles Strategische verbannt. In den Meetings sitzen die Ausreichend-Mitarbeiter gelangweilt überdrüssig herum und versuchen, aufs Handy zu lugen; das sind sie aus dem Unterricht von damals gewöhnt …

Spüren Sie, wie hart der Widerstand gegen das Bessere ist?

Ich wünsche Ihnen gute Unterhaltung im Sinnlosigkeitszirkus, hoffe aber, dass Sie sich etwas empören. Oft sollten Sie auch ein Taschentuch parat haben und mitempfinden. Manchmal kann man Vergeblichkeit mit Achselzucken hinnehmen, oft macht sie wütend, ab und zu auch einmal traurig, wenn zum Beispiel eine alternde Diva sich unermüdlich um neue jugendliche Rollen bemüht – so wie die Dieselingenieure versuchen, noch ein bisschen besser zu werden. In allen Lebensphasen schaudern wir über die verlorene Liebesmühe: Innovationen misslingen, gut laufende Konzerne ersticken in komplexen Prozessen, alternde siechen viel zu lange dahin. So ist das ausreichende Leben. Aber ab jetzt: Keine Sinnfragen mehr, bitte!

1.

Facetten des bloß Ausreichenden und die Saga der Springflöhe

Oft staunt man, dass bestimmte Unternehmen überhaupt überleben können: Ihre Leistungen/Produkte sind nicht gut oder sogar fehlerhaft; der Kunde wird nicht verstanden, womöglich unhöflich behandelt. Probleme werden unzureichend, schleppend und inkompetent angegangen oder Wartezeiten werden übelgenommen, die Preise sind zu hoch et cetera. Manches steht allerdings auch unter dem »Naturschutz« des Staates: Verwaltung, Bildung, Verteidigung oder Gesundheit. Die können straflos ewig gestrig bleiben. Wenn ich hier von »Ausreichend-Unternehmen« spreche, dann sind es solche, die mit ihren Problemen weiterwursteln, ohne sie zu beheben. Manche sehen die Probleme nicht einmal!

Wenn Sie eine gute Vorstellung von Weiterwursteln bekommen möchten, dann schauen Sie sich eine TV-Sendung der beliebten Restauranttester an. Da leiden Restaurants unter zu wenigen Gästen, stehen vor dem Ruin und bitten prominente Starköche um Hilfe.

Die setzen sich zuerst in das Gasthaus und bestellen ein Essen. Sie schauen einmal, was so passiert. Wie spricht die Speisekarte den Gast an? Sind die Preise okay? Schmeckt das Essen? Wird es zügig und freundlich serviert? Hat die Gaststube ein angenehmes Flair? Anschließend besuchen die Starköche die Küche: Ist alles wohlorganisiert? Schließlich: Wie kalkuliert der Wirt die Preise für die Speisen, wie organisiert er die Vorräte? Wie motiviert er seine Crew?

In den meisten Sendungen muss man einfach nur seufzen: Alles ist »ausreichend« bis »mangelhaft«. Die Speisekarte ist langweilig, manchmal aber auch irre lang (mehr als 100 verschiedene Gerichte, die die Küche glatt überfordern). Das Essen schmeckt nicht, wird nicht appetitlich kredenzt und kommt erst nach längerer Zeit zum Tisch, obwohl kaum Gäste da sind. Zwei Kellner stehen untätig herum. Die Küche ist meist rundweg schmutzig und räumlich seltsam eingerichtet, die Vorratshaltung ist schrecklich. Die Starköche entdecken Dosensuppen und Fertigmenüs für die Mikrowelle, die dem Kunden als »selbst gekocht« serviert werden. Der Wirt hat sich noch nie überlegt, was er an einem Schnitzel eigentlich verdient. Er musste schon einen Kredit aufnehmen, um sein Gasthaus halten zu können. Jetzt ist er in Not.

Solch ein Restaurant steht vor der Pleite, sonst hätte niemand um Hilfe gerufen. Es überrascht jedes Mal, wie spät das SOS-Signal kam. Die ganze Belegschaft schien den Niedergang seit Jahren klarsehend hinzunehmen, ohne je einen ernsten Versuch zu machen, irgendeine Besserung einzuleiten.

Die Starköche machen nichts weiter als dies: Sie erklären den Mitarbeitern und Eignern, was ein vernünftiges Gasthaus ausmacht – mehr nicht. Was ist nun zu tun? Die Speisekarte anschauen und neu gestalten, den Innenraum ansprechender einrichten, dem Koch das Kochen beibringen, die Küche organisieren, die Finanzkalkulation und Vorratshaltung lernen und so weiter. Was auch überrascht: Wenn solche Wirte prominente Hilfe anfordern, dann könnten sie vorher die derzeit schon über 200 Sendungen anschauen. Warum zum Beispiel ist die Küche immer so schmutzig? Merken die nichts? Wieso funktionieren die Sendungen nicht als Hilfe zur Selbsthilfe? Wieso rettet man sich nicht durch das Inhalieren der jahrelangen Erfahrungen der Restaurantkritiker?

Diese Frage wird beim Eintreffen des Starkochs für mich als Zuschauer sofort verstörend beantwortet: Die Mitarbeiter zucken fast frustriert mit den Achseln. »Die machen hier nur Stress.« Sie haben kein Leuchten in den Augen, im Sinne von »Der Retter ist da«. Oder sie schauen, als wenn sie alles schon lange wussten und eben resigniert weitermachten, »weil man doch nichts machen kann, wenn die Gäste ausbleiben«. Der Koch findet das Kredenzen von Dosensuppen nicht anstößig, »das machen sie auf der Berghütte auch, besonders die Dosen-Gulaschsuppe ist gefragt.« Manche Mitarbeiter sind so schlecht, dass mehrere längere Gespräche mit dem Starkoch nötig sind; manche geloben gleich Besserung, andere reagieren mit »Das sehe ich nicht ein«. In den meisten Folgen der TV-Serie gibt es so einige Tränen, manches Bedauern und auch Zoff. In der Regel versprechen alle Mitarbeiter, sich zu bessern. Der Starkoch hilft mit, das Gasthaus wieder auf Vordermann zu bringen. Zum Ende der Sendung kommen zur Neueröffnung wieder Gäste. Gibt es Hoffnung?

Wie weiter? Die Erfolge der Starköche sind eher dürftig, wenn die Danach-Berichte in den Medien zutreffen. Die Fernsehleute schauen später vorbei: Wird nun leckerer gekocht, engagierter gearbeitet und mit Disziplin über die Finanzen geschaut? Für einige Wochen schon, aber dann fällt, so sagt man, alles in den alten Trott zurück. Warum denn, wenn die Existenz daran hängt?

Der Ausreichende versteht nicht, was der Gute für selbstverständlich hält.

Vielleicht kennen Sie diesen »Einbruch der Berater« an anderer Stelle: Die Politik wünscht sich von den Professoren mehr Anwendungsnähe und das Lösen wichtiger Probleme in einem interdisziplinären Klima mit anderen Fakultäten und Firmen. Aber die Professoren beharren auf ihren »Hobbys« und geben lustlos nur stärkeren Zwängen nach. Sie halten die Kritik im Wort »Elfenbeinturm« seit jeher aus.

Die öffentliche Verwaltung soll den Bürger als einen Kunden empfinden, dem sie rundum guten Service bieten möchte. Insbesondere scheinen Beamte ihnen unliebsamen Bürgern erst so lange passiv-aggressiv zu begegnen, bis ihnen die Bürger in handhabbar unterwürfiger Haltung gegenübertreten.

Systemische Coaches beschwören das Management, sein streng hierarchisches Machtdenken aufzugeben: »New Work« wird propagiert und »New Management«. Leider sind aber alle Führungskräfte nur »Herdenhund« für die Unternehmensprozesse, sie kontrollieren Mitarbeiter auf penibelste Weise.

In solchen Fällen müssten die Beteiligten »nachhaltig« über einen Schatten springen und ihr gewohntes Umfeld verlassen, indem sie es komplett neu gestalten. Das tun sie aber nicht. Die Professoren lobpreisen weiter zweckfreie Grundlagenforschung, die Verwaltung verweist auf die frech maulenden Bürger (»Ausweisdrucken dauert drei Monate? Wenn ich meine Kreditkarte verloren habe, bekomme ich in zwei Tagen eine neue!«), die Manager wollen Chef spielen und wirklich Chef sein, nicht ein Servicegeber für die Mitarbeiter und das Unternehmen. Sie alle verstehen nicht, was aus anderer Warte selbstverständlich ist.

Und die Wirte in Not schauen sich nicht bei anderen Restaurants um. Wie reagiert man anderswo?

Großunternehmen kommen ab und zu auf die Idee, Start-ups zu kaufen, um zu lernen, was diese besser machen. Berater haben ihnen eingeredet, dass solch ein Lernen modern ist. Die Unternehmen lernen aber keineswegs zu ihrem Nutzen, denn sie schauen Start-ups nur an und empfinden das Gesehene nicht als fruchtbaren Impuls. Die deutschen Beamten wissen schon, dass die Schweden oder das Baltikum im digitalen Sinne viel weiter sind; es stört sie aber nicht. Die einströmenden Massen an Ukraine-Flüchtlingen fragen heute wie selbstverständlich, auf welcher Webseite oder mit welcher App sie sich in Deutschland registrieren können; aber man drückt ihnen ohne jede Scham Papierformulare in die Hand.

Gibt es wirklich einen gewohnten »Trott«, in den ein Unternehmen immer wieder zurückfällt? Was bedeutet das, Trott? Es scheint eine Art Engstirnigkeit zu geben, einen Kleingeist, der den oft beschworenen Horizont am Tellerrand hat. »Außenstehende haben gut reden, sie verstehen das Problem nicht.« Sie sind nicht für Blicke von außen offen. »Es ist sehr kompliziert, Sie wissen einfach nicht, wie hier der Hase läuft.«

Ich habe einmal ein wunderschönes »Narrativ« gehört – so sagt man heute zu einer Erzählung, die nicht unbedingt wahr sein muss. Es ist eine Geschichte über Springflöhe. Von diesen wird berichtet:

Es war einmal, da füllte man viele Flöhe in ein oben offenes Terrarium. Da Flöhe höher springen können, als das Terrarium hoch ist, waren alle Flöhe nach ein paar Minuten komplett verschwunden. Deshalb legte man eine Glasplatte obendrauf. Als nun die Flöhe hochsprangen, knallten sie gegen die Glasplatte, die sie nicht sehen konnten. In der Folge lernten die Flöhe, nur höchstens bis zur Glasplatte zu springen. Daran gewöhnten sie sich mit der Zeit.

Als man sicher war, dass sie niemals zu hoch sprangen, nahm man die Glasplatte wieder ab und wartete gespannt ab, was nun passieren würde.

Da die Flöhe die Glasplatte ja nie sehen konnten, wurden sie nicht gewahr, dass sich die Lage geändert hatte. Sie blieben daher bei ihrer Gewohnheit und sprangen nicht heraus, wie es ihre einstige Natur gewesen war. Sie blieben im Terrarium.

Nun kaufte man neue Jungflöhe und setzte sie in das oben offene Terrarium hinein. Was passierte dann? Die Jungflöhe wussten nicht, dass man hier unter schlechten Erfahrungen mit einer Glasplatte litt. Daher sprangen die Jungflöhe alle nach kurzer Zeit hinaus.

Oh Wunder, mussten die Altflöhe gedacht haben: Keine Glasplatte! Keine Limits! Da sprangen sie ebenfalls hinaus. Sie waren frei!

Damit wäre die Geschichte zu Ende, aber ganz so geschah es nicht. Es könnte nur so gewesen sein! Vielmehr geht es so weiter: Ach, die jungen Flöhe aber, die man hineingesetzt hatte, blieben zunächst auf dem Boden sitzen und schauten sich um. Sie lernten schnell. Denn die Altflöhe lehrten sie dies: »Du darfst hier keine großen Sprünge machen! Sonst wird es dir übel ergehen.« So blieben alle Flöhe im Terrarium – und das ist das tatsächliche Ende der Geschichte.

Unternehmen schauen eben nicht über den Tellerrand hinaus. Es muss wohl eine Art Teilblindheit sein.

Natürlich gibt es auch Studien, die sich mit menschlichen Verhaltensweisen befassen!

Tom DeMarco und Timothy Lister berichten in ihrem berühmten Buch *Peopleware* von einem Programmierwettbewerb. Testpersonen aus vielen Unternehmen mussten eine Programmieraufgabe erfüllen, deren Lösung nach Zeitaufwand und Fehleranzahl bewertet wurde. Das grobe Ergebnis lautete: Die besten Leute waren doppelt so schnell fertig und machten im Gegensatz zu den mäßigen fast keine Fehler. Nun forschte man nach den »Erfolgsfaktoren«. Was macht einen Programmierer doppelt so gut?

Sind ältere Mitarbeiter besser? Erfahrenere? Liegt es am neuen Computer? An der verwendeten Programmiersprache? An der Höhe des Gehaltes? Am Rang des Mitarbeiters auf seiner Visitenkarte?

Nichts von alledem. Die erkenntnisreiche Lösung erraten Sie nicht auf Anhieb, da bin ich sicher:

Die Qualität der Arbeit hing fast ausschließlich davon ab, in welchem Unternehmen die Probanden arbeiteten. Das heißt: Es gibt in einem Unternehmen einen internen Standard, wie schnell und wie fehlerfrei eine gestellte Aufgabe abgearbeitet sein soll. Diesen Standard haben sämtliche Mitarbeiter gleichermaßen verinnerlicht, er prägt das ganze Unternehmen. Glauben Sie nicht? Aber Sie selbst reden doch von guten und schlechten Schulklassen, von besten Schulen und Elite-Unis? Warum zahlen US-Eltern so viel Geld, um ihren Sprösslingen die bestmögliche Ausbildung in einer Premium-Bildungsstätte zu ermöglichen? In den teuren Internaten gibt es viele Stipendiaten, die ohne Kosten die exklusive Erziehung genießen dürfen. Die Vergabe von Stipendien ist kein reiner Altruismus; denn die Stipendiaten sind sorgfältig ausgewählte Hochleistungsschüler mit völlig integrem Charakter. Sie sind die »Flöhe«, die bestimmen, wie hoch hier gesprungen werden soll. Sie ziehen alle die Schüler mit und hoch, deren reiche Eltern schweres Geld fürs Internat bezahlen.

Vereinfachend gesagt: Der Exzellenzgrad der Arbeit hängt direkt mit der Unternehmenskultur zusammen. Daher halte ich es hier für gerechtfertigt, einem Unternehmen als Ganzem die Bezeichnung Ausreichend-Unternehmen anzuhängen. Die Kultur ist das Bestimmende!

Zur Unternehmenskultur gehört auch die übliche Kleidung, die Anrede (Frau Dr., Sie oder du), die Büroausstattung, der erwartete Zuverlässigkeitsgrad bei der Arbeit, das Benehmen in Meetings, die

Disziplin, Termine einzuhalten und vor allem: sich verantwortlich zu fühlen. In manchen Unternehmen sind die Mitarbeiter stolz, dort zu arbeiten, sie nennen sich dann zum Beispiel »Siemensianer«; ich war stolzer »IBMer«. In anderen Unternehmen dagegen wird beim Mittagessen nur über die »Scheißmanager« hergezogen.

In der Arbeitspsychologie wurde 1960 vom Amerikaner Chris Argyris der Begriff des »psychologischen Vertrags« geprägt, der die stillschweigenden Annahmen enthält, wie sich Arbeitgeber und Arbeitnehmer zueinander stellen. Unausgesprochen gilt zum Beispiel: »Hier wird niemand entlassen.« – »Du darfst hier niemals einem Manager im Meeting widersprechen.« – »Du musst hier auf dich aufmerksam machen, sonst wirst du nicht befördert. Von selbst geschieht es nicht.« – »Uns alle beherrscht die Ambition, die weltbeste Firma zu sein.« – »Hier macht die Arbeit keine Freude, aber die Bezahlung ist okay.« – »Hier gilt: Up – or out. Entweder du entwickelst dich weiter oder du gehst.«

Der wohl wichtigste psychologische Kontrakt zwischen Unternehmen und Mitarbeiter war in der Vergangenheit »job security in exchange for loyalty and hard work«: Der Mitarbeiter arbeitet hart und verhält sich absolut loyal gegenüber seinem Arbeitgeber – im Gegenzug sichert der Arbeitgeber dem Mitarbeiter eine auskömmliche Existenz. Das war ein gegenseitiges Geben und Nehmen, das zu einem »Wir-Gefühl« führte.

Seit den 1980er Jahren arbeiten die effizienzgetriebenen Unternehmensführungen an der leisen Erosion dieses psychologischen Kontraktes. Die großen ersten Effizienzerfolge setzten viele Arbeitskräfte frei, die man damals noch sozialverträglich mit großzügigen Vorruhestandsabfindungen heimschickte. Im neuen Jahrhundert wurde der Ton rauer, die Methoden wurden rücksichtsloser. Die Schamgrenzen der Unternehmen verschoben sich. Unerwünschte Unternehmensteile wurden abgespalten, Stellenbeschreibungen revidiert und Zeitverträge eingeführt. Jedes Jahr wurde reorganisiert, hohe Vertriebsboni wurden gesenkt, die Einstellgehälter niedriger gehalten. »Statt der Promovierten reicht uns ab jetzt ein abgebrochener Student.« Die Unternehmen erklären den Neueingestellten heute unverblümt, dass Arbeitsplatzsicherheit ein gestriges Konzept sei. Harte Managementeliten finden es »motivierend«, wenn sich Mitarbeiter unter Unsicherheit unwohl fühlen – so wird mit den Führungskräften immer verfahren. Es wird erwartet, dass der Mitarbeiter sich selbstständig weiterbildet und entwickelt. Für diesen steigenden Egoismus der Arbeitgeberseite wurde ein neues Wort verwendet: »Employability« oder im Deutschen »Beschäftigungsfähigkeit«. Mitarbeiter, die früher gut betreut regelbefördert wurden, müssen sich heute selbst in beinharten Verhandlungen beim Arbeitgeber durchsetzen, oft sogar mit Kündigung drohen. Das »Wir-Gefühl« zwischen Unternehmen und Mitarbeiter wird nicht mehr für nötig erachtet; die Forderung nach Employability verlangt einseitig vom Mitarbeiter, sich als eierlegende Wollmilchsau zu präsentieren, die zu Überstunden bereit ist.

Aus Sicht der sich nach mehr »Wir« sehnenden Mitarbeiter und auch des gestressten Managements bedeutet diese Entwicklung einen Niedergang der Unternehmenskultur, die Raubbau an den Kräften der Beschäftigten betreibt, die erntet, ohne zu säen. Es stellen sich Sinnfragen über Sinnfragen. Solange dieser gefühlte Kultur-Niedergang zum Vorteil des Unternehmens andauert, wird es sich nicht damit befassen wollen. »Keine Sinnfragen, bitte! Weitermachen! Weiter! Schneller! Keine Betriebsfeiern mehr! Die ersparen wir uns!«

Von außen sieht es jetzt so aus: Das Unternehmen arbeitet daran, innerhalb eines immer kleineren Tellerrunds zu leben und zu denken. Es versteht die Signale nicht, weder Sinnfragen noch Kritik von außen. Es wurstelt weiter – zum guten Teil für die Tonne.

2.

Loser-Talk – an ihren Worten sollt ihr sie erkennen

Insbesondere bei heiklen Projekten gilt der Grundsatz: »Work only with the best!« Arbeite am besten nur mit richtig guten Leuten! Wie erkennt man die? Und woran erkennt man die, mit denen man lieber nicht arbeiten sollte? Es gibt da bestimmte Kommunikationsformen, die sich Loser zu eigen machen. Denn sie müssen beschönigen, entschuldigen und von anderen Hilfe bekommen.

»An ihren Worten sollt ihr sie erkennen!« Wen? Die Loser unter den Managern und auch in anderen Bereichen reden oft erschreckend entlarvend. Besonders solche Ausreichend-Manager, die sich selbst bessere Noten gäben, benehmen sich ungerechtfertigt selbstbewusst. Sie sind zudem nicht in der Lage, ihren Status in Reden zu verbergen.

Ein Zuhörer fühlt genau, dass hier Probleme falsch angepackt werden, und denkt: »Da möchte ich nicht arbeiten.« Für solche Fälle hat man eine stehende Redewendung parat: »Der Fisch, der stinkt vom Kopfe her.« Denken Sie immer daran, wie es viele Ausreichend-Schüler sagen würden: »Ich konnte meine Hausaufgaben nicht machen, weil die Bahnschranke runterging und ich beim anschließenden Beeilen in Hundedreck trat und deshalb erst zu Hause duschen musste.« Solche Ausreden belächeln wir, aber im Geschäftsleben eher nicht. Da nehmen wir gar nicht erst an, dass sich Manager ähnlich fadenscheinig herausreden. Wir überschätzen sie, vielleicht weil wir eine Vorstellung von ihrem hohen Gehalt haben.

Wenn Parteien niederschmetternd verloren haben, danken sie erst einmal ihren Wählern. Das bringt Rührung vor die Kamera und nimmt der Niederlage fürs Erste ihre Schärfe. Manager danken in solchen Fällen den Mitarbeitern, die hart gearbeitet haben – trotz der notwendigen Entlassungen bei steigendem Arbeitsanfall. Jede Delle in der Weltkonjunktur wird vorgebetet. »Wir leiden unter der Chipkrise, unter Corona und dem Ukraine-Überfall, sodass auch die weltweite Brautkleid-Produktion einbricht, wovon wir indirekt in jedem Fall weiterhin betroffen sein werden. Trotz all dieser widrigen Umstände war es uns möglich, ein Ergebnis zu erzielen, mit dem wir in die Zukunft sehen können. Natürlich sind wir nicht zufrieden. Es ist nicht unser Anspruch, mit Problemen zu kämpfen. Aus unserer Vergangenheit heraus wissen wir aber, dass wir noch mit jeder Krise fertiggeworden sind. Wir werden mit schwerer See fertig, wir werden auch aus dieser Krise gestärkt hervorgehen.«

Warum drücken sie sich alle mit denselben und immer denselben Worthülsen aus?

Es ist – nicht mehr und nicht weniger – Loser-Talk. Dieser lädt die Interviewer erst recht ein, aggressiv auf die aufscheinenden Schwächen zu sprechen zu kommen. Die entsprechende Standard-Loser-Antwort haben Sie schon öfter gehört: »Lassen Sie uns Zeit, die Ergebnisse zu analysieren.«

Immer nur »analysieren«, was wahrscheinlich eine Umschreibung von »weiterwursteln« ist! Bei der Weltmeisterschaft ausgeschieden? Der DFB analysiert. Die CDU als Volkspartei abgewählt? Man analysiert. Eine andere Loser-Talk-Version: »Wir müssen uns erst zusammensetzen.« Am besten im Ton: »We will make us great again.« Das angekündigte Analysieren ist eine Reaktion des Ausreichenden auf ein Mangelhaft.

Unternehmen und Regierungen, die zu echten Aktionen unfähig sind, setzen sich großartige und »nachhaltig-langfristige Ziele«, für die eine Marketingabteilung mit bekannten und teuren Agenturen schmissige Aktionsnamen ersinnt. »Digitalisierung für das 21. Jahrhundert«, »Kohleausstieg 2045«, »Klimaziel 2050« oder »Durchseuchung 2055«. Hauptsache, es ist noch lange hin und klingt entschlossen aktiv.

Viele Unternehmen ergreifen auch die Möglichkeit, Sticker und Kaffeepötte mit wichtigen Signalen an die Mitarbeiter zu bedrucken.

Wenn der Stress übermenschlich groß wird, druckt man »Well-Being«. Wenn sich die alten Produkte nicht verkaufen, macht sich »Innovation« gut. Bei Grabenkämpfen der Unternehmensbereiche bietet sich »Team« an. Oft gibt es auch Stoßgebete auf Tassen: »Profitable Growth« oder »Excellence«. Alles in Englisch, dass klingt entschlossener und ist bei Tassendrucken wegen der englischen Kürze viel billiger. Generell überlegt man sich, was in einem Unternehmen am allerschlechtesten aussieht, dreht es bis zur absoluten Unkenntlichkeit ins Positive – und ab in die Unternehmenskommunikation!

Wenn gar nichts mehr hilft, geht noch »We'll win!«

Im Zuge des Ukraine-Krieges stellte sich die Frage, ob die Bundeswehr im Ernstfall helfen könnte. Da hagelte es Kommentare der Art »nicht einsatzfähig« und »mangelhafte Ausstattung«, worauf der Finanzminister in einer heldenhaften Aktion einen Schattenhaushalt von 100 Milliarden Euro genehmigte.

Was passiert jetzt? Nichts, weil Beschaffungsmaßnahmen jahrelang dauern.

Nun ist wieder sehr viel Zeit mithilfe von Loser-Talk gewonnen. Genauso operieren Unternehmen, die ihr Versagen nicht in Schattenhaushalten verstecken, sondern in »one-time charges«, also in meist immens großen Abschreibungen. Sie sprechen stets von nur absolut »einmaligen Berichtigungen in der Bilanz«. Sie befreien sich auf einen Schlag von drückenden Altlasten und Fehlerfolgen. Danach – so erklären sie fast triumphierend – können sie wieder »absolut zuversichtlich in die Zukunft sehen«.

Wenn solche »einmaligen Aufwendungen« nötig sind, so liegen dahinter meist viele Jahre von Fehlern, Versagen und Missmanagement. Zum Beispiel: Wenn sich auf Halde produzierte Ladenhüter beim besten Willen nicht mehr verkaufen lassen, dann rät der Wirtschaftsprüfer zu einem »klaren Schnitt«, zu einer »impairment charge« (Wertminderungsaufwand).

Unverkäufliche Lagerbestände gibt es bei jedem Unternehmen, aber gute Unternehmen berichtigen deren Bilanzwert sofort. Trickreiche Ausreichend-Unternehmen bilanzieren solchen schleichenden Verfall erst einmal lieber nicht. Es wird abgewartet, bis sich immer größere Fehlproduktionen unübersehbar häufen, bis also das Problem zum Himmel stinkt. Dann wird der Wertansatz in der Bilanz mit einer einzigen gewaltigen Abschreibung berichtigt. »Sorry, es handelt sich um einen einmaligen Fehler!« Damit werden die Aktionäre beruhigt, die ein Dauerproblem wittern – was es ja ist. Man gaukelt vor: Die vielen Fehler sind eigentlich nur einer, der mit einer »non-cash charge« berichtigt wird! Schwupp, weg ist er! Daher ist alles halb so schlimm, und die hinters Licht geführten Aktionäre nicken zufrieden. Niemand fragt, wie es zu so hohen Wertminderungen kommen konnte.

Andere Baustellen werden auch gern auf diese Weise gesichert: »Wir haben uns entschieden, unser nicht mehr so gewinnträchtiges Geschäft zu beenden und nur den profitträchtigen Zweig unseres Unternehmens fortzuführen. Daher entlassen wir ein paar Tausend Mitarbeiter. Dieser Einschnitt in unserer Unternehmensgeschichte fällt uns nicht leicht, aber wir müssen das Unternehmen für die Zukunft wetterfest machen und die verbliebenen Arbeitsplätze sichernd schützen.« Auch hinter solchen Verlautbarungen verbergen sich in der Regel jahrelange Versäumnisse, die in einer Einmalaktion »bereinigt« werden. Dadurch vermeiden die für die Misere verantwortlichen Manager, in Misskredit zu kommen. Im Gegenteil, sie haben tapfer und furchtlos alle Probleme angepackt und beseitigt. In der nur gerade jetzt größten Not knickt auch jeder Betriebsrat ein, und der Staat lässt sich anzapfen.

Überlegen wir: Wenn die Probleme langsam größer werden und mit einem Schlag bilanziell, finanziell oder organisatorisch bereinigt werden, dann müsste man eigentlich doch einmal schauen, wie es zu dem Problem über die Jahre kam. Und es würde klar, dass das Verschleiern von Problemen in den Vorjahren das Aufblähen von Gewinnausweisen ermöglichte.

Nüchtern besehen weist man mit solchen Taktiken jahrelang einen nicht vorhandenen Gewinn aus und berichtigt das Ganze später mit einem Schlag. Kennen Sie im Privatleben solche Generalbeichten? »Mama, ich war alle Zeit guter Dinge, das Abitur zu bestehen, aber ich fühle mich plötzlich überfordert und habe mir einen Beruf ausgesucht, für den keinerlei Vorkenntnisse nötig sind. Nach diesem Entschluss sehe ich wieder befreit in eine vielversprechende Zukunft. Mama, lass uns das angemessen feiern.« – »Aber dann hast du alle die Jahre nicht genug gelernt!« – Mama, es hat keinen Zweck, mit negativem Denken in der Vergangenheit zu bohren. Es stört auf meinem Weg zum Erfolg. Lass uns nach vorne sehen, Mama. Ich brauche nur etwas Geld von dir, um ein neues Leben zu beginnen. Ich will neu durchstarten. Du wirst stolz auf mich sein!« – »Das will ich gerne, liebes Kind. Deine Oma hat immer gesagt: Lieber ein Ende mit Schrecken, also Schrecken ohne Ende.« – »Mama, es ist kein Schrecken, ich schlage nur eine andere Laufbahn ein, die mich glücklich macht.«

Ich kenne so einige Eltern und Aktionäre, die sich durch solchen glückstrahlend vorgetragenen Loser-Talk blenden ließen. Sie merken nicht, dass diese »Gerade so durchkommen«-Haltung die ganze Zeit für den Niedergang verantwortlich war und dass sich daran nach jedem noch so großen Schnitt wohl auch nichts ändern wird.

Neben diesem Loser-Talk, der fast verführerisch-manipulativ die eigene Haut retten hilft und aus der Kritikzone befreit, gibt es auch ganz hoffnungslose Fälle. Da preisen Menschen etwas in einer Art an, die fast Mitleid erregt. Ich soll oft helfen, aber ich sehe hinter den Bitten schon eine lange traurige Agonie. Aus Zuschriften an mich: »Ich habe zwanzig Jahre an einem dicken Gedichtband gefeilt, der durchweg Bäume verherrlicht, das ist mein Hobby. Wie finde ich einen Verlag?« – Oder »Der Markt für meine Idee ist fast unendlich groß, ich kann Ihnen die konkrete Idee nicht verraten, ich lasse sie patentieren, aber ich habe leider nicht genug Geld dafür. Können Sie mich unterstützen?« Sehr oft auch: »Ich habe alles fertig entwickelt, ich muss nur noch eine Fabrik bauen. Das kann ich nicht. Bitte helfen Sie mir, Herr Dueck!« Aber kann ich denn eine Fabrik bauen? Am häufigsten erlebe ich dies: »Was ich für meine Idee nur noch brauche, ist jemand, der sie umsetzt. Da dachte ich an Sie,

Herr Dueck.« – »Fragen Sie mich als erste Person, oder haben Sie es schon woanders versucht?« – »Ja, bei vielen – jahrelang.«

In solchen Fällen sieht man nach zwei Sätzen, dass etwas nicht stimmt. So spricht oder schreibt niemand, dem man etwas Großes oder Wichtiges zutrauen würde. Das »Ausreichende« und »Mangelhafte« verrät sich durch die Ausdrucksweise in jeder Kommunikation. Leider ist denen, die mich fragen, das nie klar. Sie versuchen und versuchen und werden immer wieder abgewiesen. Viele sehen auf eine unendliche Leidensgeschichte zurück. Ich habe früher einige Zeit verwendet, ihnen das zu erklären. Ich habe versucht, die angeblich so große Innovation in einen richtigen Rahmen zu rücken oder das mit Tonnen von Herzblut geschriebene Buch zu kritisieren. Ohne Erfolg.

Insbesondere können solche unprofessionellen Erfinder anscheinend nicht verstehen, dass man irgendwann müde wird, sich immer wieder große Versprechungen mit heller Zukunft anzuhören, hinter denen keine Substanz steckt. Das gilt genauso für Politiker und Manager wie auch für Leute, die unprofessionell Projekte anstoßen wollen. Besonders lupenreine Idealisten muss ich oft bedauern, die sich darin verschätzen, auf wie viel Widerhall ihre Ideale treffen werden.

Wer nicht ins Nirwana investieren will, muss den Loser-Talk erkennen – und die Loser meiden, so gut es geht. Investments in Loser sind glatt für die Tonne – egal ob es um Geld, Zeit, Energie oder Hilfe geht.

3.

Alles dauert 3,1-mal länger als geplant und kostet 2,5-mal mehr

Bei der Planung und Umsetzung von Bau- oder Softwareprojekten gibt es fast regelmäßig Zeitverzögerungen und Budgetüberziehungen, die manchmal skandalös hoch erscheinen. Dafür gibt es Gründe, die ganze Bücher füllen können. Ich möchte hier ein paar prinzipielle Ursachen anführen. Der Hauptgrund, aus dem sich die Schwierigkeiten ableiten lassen, ist dieser:

> **Es soll schnell gehen und weniger kosten.**
> **Daher dauert es lange und kostet viel.**

Sie merken schon, es geht nicht mit Vernunft zu. Es ist ein Gewusel von Ausreichend-Managern am Werk, das so dominant ist, dass ein paar Einser-Professionals dagegen gar keine Chance haben. Ich habe dazu schon ein ganzes Buch geschrieben – es trägt den passenden Titel *Schwarmdumm*.

In einem Meeting der IBM wurde einmal eine konkrete Zahl genannt: dreißig. So viele Stakeholder soll es bei der Planung und Durchführung von größeren und leider auch kleineren Projekten geben. Alle diese Involvierten haben ihre eigenen Ziele und Wünsche in Verbindung mit einem Projekt. Da es so viele sind, dauert es sowieso sehr lange. Die Arbeitskosten des anfänglichen Hin und Her, bis zuletzt wirklich gearbeitet wird, werden normalerweise nicht mitgezählt. Sonst würde man bei genauerem Kalkulieren eventuell keine Projekte mehr anfassen. Ja, ich übertreibe jetzt. Und nein, eigentlich nicht. Schauen wir uns dazu nur einige der dreißig Motivlagen an:

Ein IT-Leiter oder neudeutsch ein CIO (Chief Information Officer) hat für dieses Jahr einen Etat für ein IT-Projekt bekommen. Er nimmt Kontakt zu IT-Unternehmen auf. Von dort schwärmen nun die Vertriebsbeauftragten zu ihm aus, weil sie einen satten Deal wittern. Alle wollen zuerst wissen, wie hoch der Etat ist – den wollen sie ganz als ihren Umsatz abschöpfen. Das ist meist unmöglich, aber sie strecken sich trotzdem nach diesem Ziel, denn ihre Vertriebsmanager zittern gerade alle um das Jahresergebnis (planvoll unter schrecklichem Druck von oben gesetzt). Alle beteiligten Unternehmen haben Einkaufs- und Kostenmanager, die das Projekt möglichst teuer beziehungsweise billig verwirklichen wollen. Juristen schauen, ob keine unhaltbaren Versprechen im Vertrag stehen (zum Beispiel: »Wir garantieren eine Antwortzeit des Systems in 10 Mikrosekunden«). Die Fachabteilungen, die die neuen IT-Anwendungen nutzen sollen, schicken Sonderwünsche und wollen einen Ruckzuck-Übergang ins neue System. Die technischen Einheiten, die das System bauen sollen, wollen es mit Methoden und Tools entwickeln, die sie am besten beherrschen; außerdem brauchen sie schnell neue Aufträge und möchten sofort anfangen. Der Finanzchef ist nervös, dass sein CIO den Etat überzieht, denn er hasst Folgekosten in den nächsten Jahren und so weiter. Dazu kommt: Alle wollen befördert werden und fürchten um ihre Boni. Insgesamt aber, so sind sich alle einig, muss es schnell gehen. Jeder ist auf seine Weise betroffen:

- **CIO:** »Ich will dieses Projekt noch in diesem Jahr. Bei einem Erfolg bewerbe ich mich woanders.«
- **Vertriebsbeauftragte aller Anbieter:** »Ich will alles schnell in die Bücher, sonst sieht mein Jahresgehalt böse aus.«
- **Vertriebsleiter aller Anbieterunternehmen:** »Die Lage ist düster. Vielleicht reißt uns dieses lukrative Projekt schnell raus.«
- **Anwender im Unternehmen, die das neue System nutzen sollen:** »Unser jetziges System ist schlecht, wir wollen rasch das neue, aber es muss sorgfältig auf unsere Belange abgestimmt sein. Wir

wollen bequem arbeiten und keine Revolution oder gar etwas Neues lernen.«

- **Techies in allen Anbieterunternehmen:** »Wir brauchen rasch Arbeit. Aber bitte nur mit unseren Programmiersprachen und Betriebssystemen.«

Dann beginnen die ersten Gespräche: Für den Vertrieb ist es ungeheuer wichtig zu wissen, wie viel Geld der Kunde ausgeben kann. Er bemüht sich dann, diesen Betrag voll auszuschöpfen und am besten darüber hinauszukommen (»Das ist der Mercedes unter den Projekten«). Das weiß der CIO, der sich zu seinem Schutz bedeckt halten muss. Er weiß, dass er nur Angebote in Höhe seines maximalen Etats bekommt, wenn er diesen offenlegt. Er weiß auch, dass das Projekt teurer sein wird, als sein Etat hergibt. Diesen Zahn muss er seinem Finanzchef (CFO) jedes Mal ziehen. Da er aber noch Geld für andere Projekte braucht, die er gerade überzieht, nennt er dem Vertriebsbeauftragten eine »sehr niedrige Hausnummer«, wie man so sagt. Ein vorgeblich niedriger Etat treibt die Anbieterfirmen in ruinösen Wettbewerb. Das gibt Verhandlungsspielraum. Trotzdem wünscht er sich ein supererfolgreiches Vorzeigeprojekt.

Der Vertriebsbeauftragte weiß nicht, für wie viel Geld ein solches Projekt im Prinzip verwirklicht werden kann. Dazu reicht sein fachliches Spezialwissen nicht aus. Er sucht nun technische Experten in seinem Unternehmen, die die Kosten und Bearbeitungszeit des Projektes einschätzen können. Die nennen aus alter Erfahrung eine gewaltige Summe, die weit über dem genannten Rahmen liegt. Das tun sie immer, weil die Experten schon wissen, dass sie anschließend in ruinöse Rabattschlachten mit dem Kunden hineingezogen werden. Da der Vertrieb unter Abschlussdruck steht, zwingt er die Fachleute in der Regel, ein Projekt so schnell und billig zu planen, dass es unter dem Strich den Wünschen des Kunden entspricht. Dazu tricksen die Experten und bieten quasi einen preiswerten schön verputzten Rohbau mit Gardinen und Vorgarten an, der von außen wie ein Haus aussieht.

Der IT-Chef des Kunden lässt dieses Angebot wiederum von seinen eigenen Experten prüfen, die das Spiel natürlich durchschauen und sich entrüsten. Sie verlangen mehr »Funktionalität«. Das tun sie immer, denkt der IT-Chef entnervt und misstraut ihnen wie gewohnt. Die Fachabteilungen des Unternehmens, die später mit der Software arbeiten sollen, stellen im Verlauf immer neue Bedingungen, hauptsächlich, dass die neue revolutionäre und hocheffiziente Produktivitätssteigerungs-App sie nicht bei der normalen Arbeit stört. Insbesondere müssen die Faxgeräte so bleiben, wie sie sind. »Wie die an die Cloud angebunden werden, ist uns egal.« – »Okay, dann kaufen wir meinetwegen neuartige Faxgeräte.« – »Nein, nur an unsere sind wir gewöhnt.«

An dieser Stelle werden Sie als Nutzer von IT etwas ungläubig stöhnen. Ich schweife deshalb kurz ab und erwähne ein echtes Beispiel: Ein Leser schrieb mir, dass man irgendwo (ich schaue lieber nicht nach) das Grundbuch digitalisiert hat. Naiv stellen wir uns doch alle vor, dass nun die Rechte, die zu einem Grundstück gehören, dort in einer Liste aufgeführt werden, die wie ein Online-Wertpapierdepotüberblick aussieht. Statt »10 Siemensaktien« steht da »Hypothek sowieso« oder »Wegerechte XY«. Wenn nun der Grundstücksbesitzer die Hypothek löschen lassen möchte, weil der Kredit abgezahlt wurde, löscht der Grundbuchamt-Beamte die Zeile in der App. Das war’s. Zehn Sekunden plus Einloggen.

So aber wurde es nicht gemacht! Man hat »digitalisiert«, indem man das handschriftlich geführte Grundbuch eingescannt und als PDF gespeichert hat. Früher wurde im Grundbuch die Grundschuld zur Löschung mit Kugelschreiber und verpflichtendem Lineal durchgestrichen. Nun aber wird das PDF ausgedruckt. Auf dem Ausdruck wird die Grundschuld mit Unterstützung eines Lineals durchgestrichen, dann wieder mit dem Strich gescannt und ersetzend in das ganze PDF eingefügt.

Diese Art von Digitalisierung ist fast ein Schildbürgerstreich. Es ist jedem klar, dass umständliche Mehrarbeit anfällt, aber die Art der Arbeit ist gleichgeblieben. Das Amt stellt wegen der anfallenden Mehrarbeit einen neuen Mitarbeiter ein; alle Mitarbeiter des Amtes werden befördert, weil sie nun mit PDFs umgehen können müssen, was eine höhere und beförderungsbegründende Qualifikationsstufe darstellt.

Diese Abschweifung musste sein! Wahrscheinlich glauben Sie mir nun noch weniger? Zurück zum besprochenen Projekt: Jetzt brechen allerlei Kämpfe um Sachfragen und Beförderungen aus, die mit der gewünschten Funktionalität der Software hoffentlich wenigstens indirekt zu tun haben. Das dauert, weil ja nicht alles heimlich auf dem Flur beschlossen werden kann. Meetings werden angesetzt.

Dadurch entsteht ein Problem: Der Vertrieb und der IT-Chef sehen die Zeit davonrennen, weil sie es eilig haben. Die potenziellen Anwender stören, auch deshalb, weil sie keine Ahnung von neuer IT haben. Die Experten beider Seiten verstehen zwar die Anwendungen, nicht aber die Anwender (die »Endkunden«). Auf diesem Auge sind sie blind, so wie die Anwender bei Anwendungen unterbelichtet sind. Alle warnen. Aber sie warnen eben immer! Wenn jemand immer warnt, immer und jedes Mal, dann denkt jeder an seiner Front, dass die Dauermeckerer der anderen Seite feindlich, verängstigt oder dumm sind. Die Gegenthese, dass man selbst unterbelichtet ist, wird nicht geprüft.

Alle wollen das Projekt sofort! Es geht um Geld, Karrieren, Boni, angenehme Betriebssysteme und um Egos aller Art.

Nach langem Hin und Her, Drohungen, Meetings, Beschwörungen und Geschäftsessen gibt es endlich einen Projektvorschlag des IT-Anbieters, dem der CIO den Zuschlag geben will. Der CIO hat natürlich viele andere IT-Anbieter ins Rennen geschickt, die ihm Gegenangebote abgeben sollen. Die möchte er nicht berücksichtigen, aber sie ermöglichen ihm, den Preis zu drücken. Wenn er Pech hat, bietet ein ungeliebtes Service-Unternehmen etwas unschlagbar Billiges an. Das will er nicht, er muss bei einem solchen Angebot viele Haare in der Suppe finden, um es gegenüber dem Finanzchef ausschlagen zu können. Die Probleme mit seinem Finanzchef und dem Einkaufsboss fallen in jedem Fall an, denn beide werden nach allen Verhandlungen nochmals einen Rabatt erzwingen wollen, damit sie ihre Existenzberechtigung und damit ihre eigene Bezahlung und Karriere fördern. Irgendwann, fünf vor zwölf, schauen sich die Rechtsabteilungen beider Firmen die Vertragsentwürfe an – sehr sorgfältig, was Zeit kostet. Dann stellen sie peinliche Fragen zu rechtlichen Risiken, deren wahre Beantwortung das Projekt im Ganzen gefährden könnte. Diese Risiken werden so behutsam wie möglich kommentiert, damit die notorischen Geschäftsverhinderer (»Juristen halt«) nicht noch alles in letzter Minute stoppen.

Weil sich alle misstrauen müssen (das ist die Erfahrung), wird nun noch vorgeschlagen, eine Beratungsfirma anzuheuern, die das beste Angebot auswählt. Noch eine Ehrenrunde? Meistens wird die Beratungsfirma schon zu Anfang ins Boot geholt, damit irgendjemand in diesem Hühnerhaufen den vermeintlich Objektiven spielen kann. Dieser Objektive bekommt unter Umständen Geld dafür, am besten genau denjenigen IT-Anbieter als Besten auszuwählen, den der CIO von Anfang an im Auge hatte … [so schlimm ist es in der Regel nicht, aber …] All diese Komplikationen kommen gewöhnlich noch hinzu!

Sie sollten hier nur einen kleinen Überblick bekommen – ich erwähnte schon, dass sich gewöhnlich um die dreißig »Stakeholder« um ein Projekt zanken, wie dreißig Köche um einen Brei.

Dreißig! So viele Einflussnehmer habe ich jetzt gar nicht erwähnt, damit es kein eigenes Buch wird. Beim Anblick der vollen Komplexität würden Sie auf den Gedanken kommen, dass es eigentlich keine Projekte geben dürfte oder könnte. Da aber die verschiedenen Stakeholder oder Interessenvertreter nur in ihrem kleinen Horizont wursteln und die Gesamtlage nicht checken, gibt es doch noch die auf viele Schützengräben verteilte Hoffnung, Projekte tatsächlich durchführen zu können.

Was sollte man tun? Ich habe ziemlich viele Projekte initiiert. Ich bin dabei stets eher Experte als Manager gewesen. Ich weiß trotzdem, wie wenig ich weiß. Da hatte ich die naheliegende Idee, nicht die zuständigen Ausreichend-Experten, sondern einfach den absoluten Guru auf dem Gebiet zu fragen, wie viel solch ein Projekt kosten würde und wie lange es dauern könnte. Ich habe Antworten bekommen!

Die Zahlen, die die Gurus nannten, waren erstaunlich niedrig. Es kostete wenig und ging schnell – meinten sie. Da dachte ich, ich müsste verrückt werden. Der Vertrieb, der Kunde, der Einkaufsboss – alle schätzen zu niedrig, weil es ihnen in den Kram passt! Und jetzt auch noch der Guru? Und zwar, ohne dass es ihm in den Kram passt – einfach objektiv?

Warum? Ich habe nachgedacht und etliche Projekte beobachtet. Ich habe die Lösung gefunden. Wenn nämlich ein Guru professionell programmiert, macht er fast keine Fehler, und er ist sehr schnell. Wenn ein Guru entwickelt oder programmiert, braucht man kaum Zeit zum Testen. Professionelle Kundenversteher-Gurus begeistern die Anwender, die sich jedenfalls nicht gleich in Abwehrhaltung gegenüber dem Projekt positionieren. Und bei näherem Hinsehen verstand ich die Aufwandsschätzungen der Gurus. Diese Übermenschen gehen nämlich in Gedanken davon aus, dass nur wirklich professionelle Leute an einem Projekt arbeiten, die keinerlei Eigeninteressen oder Ego-Kämpfe hineinmischen. Das einzige Verrückte an den Gurus ist, dass sie stets unter dieser Prämisse nachdenken und vielleicht auch nicht anders können. Sie haben Probleme, sich in Ausreichend-Menschen hineinzudenken. Das ist es! Heureka! Ich muss also nur den Faktor Geld/Zeit herausfinden, um den sie langsamer und teurer sind als die Besten.

Ich habe dann versuchsweise folgende Strategie verfolgt: Ich frage einen Guru nach seiner Schätzung. Diese Schätzung multipliziere ich mit 2,1. Das stimmt dann, weil normale Mitarbeiter schlechter arbeiten und deshalb immer auch Meetings und allerlei Aufsicht und Kontrolle brauchen. Bingo! Damit bin ich im Allgemeinen gut gefahren. Ich schrieb vor langer Zeit eine Glosse zu dem Faktor 2,1, die es vielleicht noch im Netz gibt. Auf diese Glosse hin bekam ich viele Leserbriefe. Man hatte meine Methode getestet und für prinzipiell gut befunden. Aber: Mein Faktor schien allen zu klein zu sein. Man mutmaßte, dass meine Projekte eher kleinerer Art gewesen waren (stimmt!) und dass meine Mitarbeiter im IBM-Wissenschaftszentrum sämtlich Gut- oder Sehr-gut-Mitarbeiter gewesen sein könnten (stimmt!), sodass es nicht allzu viel Abstimmungsbedarf über Interessen und Karrieren gegeben habe. Ich gebe also mit dem Titel dieses Kapitels den derzeitigen nicht repräsentativen Erfahrungsstand wieder:

Es dauert 3,1-mal länger und kostet 2,5-mal mehr, dass aus dem Rohbau endlich ein bewohnbares Haus wird. Auch wenn das Haus nicht immer gleich beziehbar ist. Wenn ich »kostet 2,5-mal mehr« schreibe, meine ich den Aufwand, der entsteht. Wer diesen Aufwand letztlich bezahlt, ist Verhandlungssache, Zufall oder eine Sache von Schiedsstellen, Juristen und Karrieren.

Das nur Ausreichende kostet zu viel Zeit und Geld.

4.

Abstieg durch das Klammern an obsolet gewordene Ziele

Ich habe mich schon immer gefragt: Warum wollen Menschen etwas besonders gut machen, was gar nicht verlangt wird? Auf diese Weise wird viel zu viel Kraft verschwendet. Wenn man aber jemanden kritisiert, dass er an der falschen Stelle etwas zu gut macht, vergrätzt man ihn gründlich, denn er hat leidenschaftlich für die Tonne gearbeitet.

Originalton Manager: »Das muss doch jetzt endlich fertig sein?!« Perfektionistischer Mitarbeiter: »Oh, da ist noch etwas Frickelei nötig, es ist noch nicht so, wie ich es haben will, aber ich komme weiter!«

Mit derselben Idee werden Produkte hergestellt, die unnötige Qualitäten bei einem hohen Preis mitbringen, etwa ein dickes schweres Ladekabel mit Metallummantelung für eine elektrische Zahnbürste. Hier spricht man von Overengineering, das ein Produkt unverkäuflich machen kann.

Wie bei Menschen und Produkten, gibt es dies auch im Großen: Auto-Unternehmen versuchen, Motoren mit noch ein bisschen weniger Dieselverbrauch zu entwickeln. Das kostet Unsummen, ohne dass dabei viel herauskommt. Auf der anderen Seite machen Batterieforscher sensationelle Fortschritte, sogar die Lithium-Batterie könnte bald von Natriumzellen ersetzt werden. Die Dieselindustrie arbeitet dann an einem indirekten Overengineering, um dem Neuen doch noch zu zeigen, wo die Harke hängt. Warum frickeln sie so leidenschaftlich, obwohl der Zug doch längst abgefahren ist?

Das Arbeiten für die Tonne, blind gegenüber der Veränderung des Ziels, mutet von außen fast tragisch an. Unverdrossen klammern sich Unternehmen an das Althergebrachte.

Von außen sieht man traurig zu, von innen ist es selbstverständlich:

»Schuster, bleib bei deinen Leisten« enthält viel Wahrheit, aber im Wandel eben nicht.

Manchmal ändert sich nur eine Kleinigkeit in unserem Leben, die uns fast aus der Bahn werfen kann. Es wird – das kommt oft vor – plötzlich etwas anderes verlangt. Ich erkläre es zunächst an solchen »Kleinigkeiten«, weil sich die Umdenkprobleme manchmal schon im Mikrokosmos zeigen. Seien Sie fortan etwas weichherziger mit Menschen, die sich gegen große Veränderungen auflehnen. Es ist schon im Kleinen schwer genug, in eine andere Richtung abzubiegen.

Als ich 1987 als Mathematikprofessor an das IBM Wissenschaftliche Zentrum Heidelberg wechselte, befand mein erster IBM-Chef, dass es auch Mathematikern zuzumuten sei und ihnen nicht schlecht anstünde, das Programmieren zu erlernen. Damit wurde ein ernsthafter Wandel in meinen Kompetenzen erwartet. Die sehr theoretisch orientierten Universitätsprofessoren fanden damals, dass das Programmieren oder die Informatik insgesamt allenfalls als eine Art Kunsthandwerk gewertet werden könne. Ein Handwerk wie das der Ingenieure oder Chirurgen bedeutete aber einen Abstieg vom Olymp echter Forschung.

O-Ton von damals: »Beim Programmieren oder auch bei der vornehmeren Softwareentwicklung handelt es sich keinesfalls um Wissenschaft. Im Elfenbeinturm der Intellektuellen thront das Nachdenken um der Erkenntnis willen! Daher lehnen wir es als Mathematiker ab, das Erstellen von Programmen als Teil einer Masterarbeitsleistung oder Promotion zu akzeptieren. Harte wissenschaftliche Arbeiten sind die wahren Gesellenstücke in der Wissenschaft, nicht eine Software! Und so soll es immer bleiben.«

Mit diesen kulturellen Prägungen im Gemüt fiel mir der mir bevorstehende Wandel schwer. Ich sollte mich zwangsweise neu erfinden! Ich fühlte mich zwischen den dicken Handbüchern über die damals angesagten Programmiersprachen FORTRAN und APL2 furchtbar verlassen. Lustlos nahm ich mir irgendein Problem vor und entwarf einen Algorithmus, dokterte mit verschiedenen Programmierbefehlen herum, überdachte die Wahl meines neuen Arbeitgebers und brachte mein erstes Werk nach langem Fehlerstöhnen endlich zum Laufen. Der wahnsinnsteure Großrechner im Keller war schwer zu verstehen!

Mein Fluchen über die vielen Fehlerfallen muss im Nebenbüro aufgefallen sein. Dort arbeitete ein älterer Kollege, der als Großmeister der Programmiersprache APL2 galt. Er ließ sich von mir erklären, welches Problem ich per Computer lösen lassen wollte; ich zeigte ihm meinen ersten Entwurf. Da lächelte er süffisant, aber ganz gutmütig, und bedachte mich mit einem Feedback, das sich für ewig in mich hineinbrannte. Als wenn er mir gleichzeitig sacht auf die Schulter geklopft hätte, meinte er: »Was halten Sie davon, wenn wir beide aus Ihren allerersten Ansätzen einmal ein richtiges Programm machen?«

In meinen roten Ohren klingelte es, und in der Folgezeit wurde ich belehrt, wie man nicht nur korrekte Programmierbefehle aneinanderreiht, sondern wie man übersichtlichen und effizienten Code erstellt. Damals war Computerzeit sehr teuer; die Speichersysteme waren noch klein, außerdem langsam beim Speichern und Laden. Ein Festplattenzugriff des Programms verbrauchte viel kostbare Zeit. Die hohe Kunst war es damals, mit diesen knappen Ressourcen sparsam umzugehen. Nur die Großmeister holten alles aus den Ressourcen heraus – viel mehr als blutige Anfänger wie ich.

Anfang der 1990er Jahre, also nur drei bis fünf Jahre später, kamen die leistungsfähigen »Workstation-Computer« auf (die waren viel stärker als die ersten PCs). Jeder Mitarbeiter in unserem Zentrum bekam eine Workstation ins Arbeitszimmer gestellt. Wir hatten nun ein eigenes »Rechenzentrum« mit einem eigenen Prozessor im Arbeitszimmer; wir mussten nicht mehr um die Ressourcen des einzigen Großrechnerprozessors im Keller konkurrieren. Plötzlich war es bei Weitem nicht mehr so wichtig, Rechenzeit und Speicherplatz zu sparen. Es war nicht mehr nötig, sich bei großen Vorhaben vorab anzumelden – nie mehr mussten wir betteln: »Heute Nacht brauche ich den Großcomputer allein für mich – alle draußen bleiben!«

Seit dieser Zeit merkte man unserem APL2-Großmeister eine Art von Resignation an. Seine Kunst der Ressourcenschonung war nicht mehr stark gefragt, weil sich die Ressourcen gigantisch vergrößert hatten. Er wurde nun nicht mehr von allen verehrt. Die jungen Mitarbeiter erfuhren nicht einmal von seiner meisterlichen Kunst ... Es ging in der »neuen Zeit« eher darum, wer ein Programm schneller schreiben konnte, nicht mehr so sehr um die Erstellung eines schnellen Programms. Das Programmieren war relativ zum Hardwarepreis teurer geworden.

Mein Kollege wurde als Meister der Ressourceneinsparung nun nicht mehr wirklich verehrt. Was tun? Manche Altmeister trauern. Andere nehmen die »Herausforderungen« der neuen Zeit an und versuchen, unter den neuen Prioritäten wieder einen Pfad zum alten Exzellenzlevel zu finden. Viele weigern sich aber zum Teil laut protestierend und doktern weiter mit ihren nun überkommenen Vorstellungen herum. Sie sind dann immer noch Meister im Alten, aber sie rutschen in der veränderten Bewertungslage langsam in Richtung »Ausreichend« und bekommen schließlich unfreundliche Abfindungsangebote oder Bitten, in den Vorruhestand zu gehen.

In unserer Zeit verharren so viele in ihrer alten Meisterschaft, die sie mühevoll in langen Jahren erworben haben. Sie wissen, dass sie in neuen Feldern wieder als Anfänger neu beginnen müssen. Die meisten grämen sich so wie auch ich eine erste Zeit lang beim Programmieren.

Muss das so sein? Ich erinnere mich an unseren Pferdegespannführer in Groß Himstedt (ich wuchs auf einem Bauernhof auf). Wir schafften Ende der 1950er Jahre die Pferde ab, der Gespannführer musste fast auf der Stelle Mechaniker und Treckerflüsterer werden. Das freute ihn sehr, er trauerte nicht um die Pferde und seinen alten Beruf. Ein anderes Beispiel: Es gibt heute Handwerksmeister, die sich wegen des Lehrermangels in der Schule bewähren. Sie finden neues Glück in einem ganz anderen Beruf.

Woanders aber herrscht Trauer. Die Bank-»Beamten« der kleinen Filialen verlieren ihre Arbeit. Was passiert, wenn Deutschland beschließt, das Schulfach Latein durch Informatik zu ersetzen? Ich habe bei der Äußerung dieser Idee noch nie so großes Entsetzen gesehen. »Was sollen denn bitte die Lateinlehrer machen? Sie können doch sonst nichts!« Ich versuchte es mit: »Ich musste auch das Programmieren erlernen, und die Lateinlehrer sagen selbst von sich, dass sie am besten von allen Menschen in Logik sind.« – Voller Zorn: »Sollen die ihr Studium einfach wegschmeißen?« – »Das tut jeder Ingenieur, der Manager wird!« – »Aber er verdient dann mehr!« – »Und was sollen Dieselingenieure sagen, die auf Elektro oder sogar Softwareentwicklung umsteigen müssen?«

Neben dem vermutlich geringeren Verdienst schreckt der Abstieg auf das Ausreichend-Niveau am meisten ab. Ich selbst weiß, wie sich das anfühlt: Ich hatte damals keine Lebenszeitprofessur gefunden, weil ich im Gebiet des späteren Internet forschte, für dass es damals in etlichen Jahren genau null Stellen zu besetzen gab. Ich habe lange getrauert, weil ich das Verlassen der Uni als Versagen empfunden habe. Ich hätte nach Lage der Dinge einige Jahre früher zur IBM oder anderswohin wechseln sollen, aber ich habe bis zum Zeitbeamtenentlassungstag gewartet. Würde mich ein Wunder retten? Vor dem Abstieg auf den Ausreichend-Level, auf dem ich anderswo neu anfangen müsste? Ich vertat viele Monate mit sorgenvollem Brüten, das jede Sinnfrage abblockte.

Anfang des Jahrhunderts fragte mich ein Apotheker, ob das Internet einen Einfluss auf die Apotheken hätte. Ich riet ihm, seine Apotheke schnell zu verkaufen, »bevor das alle merken«.

Ein Apotheker hält an seiner geliebten Apotheke fest. Sie gehört ihm in der Regel selbst. Im statistischen Durchschnitt hat er Pharmazie studiert und einige Jahre in einer Apotheke mitgearbeitet. Er hat Geld gespart, um eventuell diese Apotheke zu kaufen, wenn der Besitzer in Ruhestand geht. Apotheken kosten manchmal weniger als 1 Million Euro, aber richtig gutgehende sollten 2 Millionen erbringen. Mit etwa 40 Jahren nimmt ein Apotheker einen großen Kredit auf, erwirbt eine Apotheke und zahlt sie bis zum Ruhestand ab. Dann verkauft er sie und geht mit 4 (?) Millionen ins Alter. So war es immer. Aber nun kommen die Internetapotheken. Es verändert sich etwas.

Die Apotheken werfen immer weniger ab. Die Apotheker stellen nun Hilfskräfte ein und reduzieren den Medikamentenbestand in der Apotheke; sie lassen sich zum Beispiel von Altersheimen dazu bewegen, die Medikamente für die Pflegepatienten neu zu verblistern, also gleich fertig in Montag-bis-Sonntag-Morgens-Mittags-Abends-Schachteln zu liefern. Das macht viel Arbeit, sichert aber das Altersheim als Kunden. Der Arbeitsaufwand steigt. Die Hilfskräfte in der Apotheke können nicht mehr so gut beraten, wenn überhaupt. Die Qualität sinkt langsam in Richtung »Ausreichend« ab. Oft sind nicht mehr alle Arzneien vorrätig. Der Kunde muss bedenklich oft wiederkommen. Wenn es immer weniger Apotheken gibt, ist der Einzugsbereich der verbliebenen Apotheken größer. »Ihr Medikament ist morgen da« erfordert immer weitere Anreisen der Kunden. Diese grummeln jetzt, dass »Rezept mit Wiederkommen« nun mehr Aufwand bereitet als das Bestellen im Internet. »Da ist es auch morgen da.« Diese Tendenz wird nicht besser werden, weil es bald elektronische Rezepte mit QR-Code gibt, sodass die Barriere im Internet mit dem Rezept-per-Post-Schicken wegfällt. Der Kunde bekommt in seiner Apotheke nun schlechteren Service, weil das Internet auf die Branche drückt.

Folglich empfinden die Kunden ihre Apotheke mit der Zeit als »Befriedigend-Apotheke« und etwas später als »Ausreichend-Apotheke«. Der Apotheker kann nicht siegreich dagegen ankämpfen, weil sich die äußeren Bedingungen immer weiter zu seinen Ungunsten verschieben.

Der Apotheker verdient nun weniger und weniger. Das verdrießt ihn natürlich, aber er versucht es weiter mit Einsparungen und mit dem Zusatzverkauf von »Vitaminen und Globuli«. Das harte und unerbittliche Problem ist aber, dass eine Zeitbombe tickt. Wenn der

Apotheker nämlich weniger verdient, sinkt der Wiederverkaufswert der Apotheke. Die Apotheke könnte sogar schneller an Wert verlieren, als das Einkommen des Apothekers ausmacht.

Im Internet gibt es Berichte, dass mittelmäßige Apotheken immer schwerer zu verkaufen sind. In unserem Nachbarort Gaiberg war kürzlich eine Apotheke gar nicht mehr zu verkaufen. Stellen Sie sich einen Besitzer einer nicht mehr verkäuflichen Apotheke vor. Er hat von seinem 40. Lebensjahr bis zum 65. alle Kredite abbezahlt, aber nun keine Alterssicherung mehr. Langes hartes Abzahlen für die Katz, viele letzte Jahre ohne großes Einkommen und ohne Rente ins Alter. Das ist ein hartes Schicksal im Privaten. Aber genau so etwas droht einstigen Exzellenz-Unternehmen über den Abstieg zu Ausreichend-Unternehmen in sterbenden Branchen.

Mir wird immer wieder gesagt: »Sie haben gut reden. Der Apotheker hat lange studiert. Soll er das alles wegwerfen?« Ich verstehe das einigermaßen gut, denn – wie gesagt – ich habe damals keine Lebenszeitprofessur bekommen können, weil einfach sechs Jahre lang keine einzige Stelle auf meinem Forschungsgebiet ausgeschrieben wurde. Ich »musste« damals zur IBM wechseln. Manchmal gibt es eben keinen befriedigenden Ausweg mehr, besonders nicht, wenn man zu lange gewartet hat.

Jeder lernt heute, dass er lebenslang lernen muss. Jeder weiß theoretisch, dass er wahrscheinlich bis zur Rente den Beruf wechseln muss. Die Diesel-Ingenieure und die, die gern Faxe verschicken, sind nur die Spitze des Eisbergs. Die meisten verbeißen sich in ihren Beruf so sehr, weil sie den neuen Umständen eben nicht ins Auge schauen wollen. Von dem Zeitpunkt aber, ab dem sie das eigentlich dringend müssten, arbeiten sie nur noch für die Tonne – ihres eigenen Lebens.

5.

Das Sauce-Béarnaise-Syndrom – Widerwille lähmt Zukunftswille

Die Forschungsarbeit vieler Unternehmen ist oft für die Tonne. Der Grund? Die Forscher entwickeln die guten Ideen meist Jahre vor einem möglichen Markterfolg und kommen oft nur bis zum Vorzeigen von Prototypen. Diese Prototypen sind fein für Messen und Ausstellungen, aber gleich danach verliert das Unternehmen die Lust am Neuen.

Erst viel später werden viele Ideen zum profitablen Geschäft. In diesem Moment aber beschäftigen sich die Forschungsabteilungen schon längst wieder mit ganz anderen brandneuen Ideen, die im Augenblick nicht verwirklicht werden können.

Nun kommt ein zweites Verhängnis hinzu: Weil das Unternehmen einst die Ideen wegen fehlender Absatzmärkte aufgegeben hatte, fängt es nun nicht mehr neu an, obwohl es jetzt dringend geboten wäre. Es hat damals »gelernt«, dass es nicht ging!

Haben Sie vielleicht noch solche Kommentare von damals im Ohr?

> »Wir hatten schon in den 90ern einen Online-Shop, der brachte nichts; die Bezahlung war den Kunden zu umständlich.«

> »Wasserstoffantriebe hatten wir schon in den 90ern entwickelt. Wollte keiner. Das Problem war vor allem, dass es keine Wasserstofftankstellen gab.«

> »Um Photovoltaik gab es einen Hype zu Anfang des Jahrhunderts. Es war aber sagenhaft teuer, damit Strom zu erzeugen; wir haben das schnell wieder aufgeben müssen.«

»Wir haben damals mit veganen Produkten experimentiert, die blieben aber im Regal.«

»Wir waren in den 70er Jahren Vorreiter in Künstlicher Intelligenz und in Expertensystemen. Das klappte nicht. Die Computer waren ungenügend und teuer, wir hatten kaum Daten und schon gar keinen Zugriff auf sie.«

Innovationen sind erst auf dem Markt erfolgreich, wenn sie auf vorbereitete Infrastrukturen treffen. Edison hat nicht nur die Glühbirne erfunden – er musste auch für Strom im Haushalt sorgen! Viele Technologien (Solar, Wind, Antriebe, autonomes Fahren) brauchen Jahrzehnte an Entwicklungsausdauer, Infrastrukturbau und furchterregend hohe Investitionen.

Die Forschungseinrichtungen der Unternehmen kochen neue Ideen auf kleiner Flamme und ohne Risiko. Das führt erst einmal zu nichts. Für die Tonne!

Und erst viel später resümiert man: »Wir fassen es nicht mehr an. Es war ein Misserfolg. Wir haben uns eine blutige Nase geholt. So etwas können wir nicht. Es ist kein Business.«

Zusammengefasst: Die Unternehmen erzielen systembedingt für die Massenfertigung viel zu frühe Erkenntnisse und verstehen nicht, dass ein sofortiger Markterfolg gar nicht möglich ist – die Infrastrukturen fehlen noch. Weil sie das nicht verstehen, verwerfen sie ihre zu frühen Ideen ganz und gar. Dieses aus Dummheit geborene Versagensgefühl lähmt nun das ganze Unternehmen, weil es nach dem vermeintlichen Scheitern keinen neuen Versuch mehr wagt. Widerwillen rund um die Erinnerung an frühes Scheitern würgt jeden Versuch notwendigen Handelns ab.

Die Erfahrung »Wer zu früh kommt, den bestraft das Leben« führt ironischerweise dazu, dass ein Unternehmen nun viel zu spät dran ist, weil es sich aus Widerwillen der neuen Lage verweigert.

Dieses Versagen nach Ansage lässt sich sehr schön mit einem Phänomen aus der Psychologie erhellen: Das sogenannte Sauce-Béarnaise-Syndrom trägt seinen Namen nach einem Erlebnis des berühmten Psychologen Martin Seligman, der 1966 an einer Magen-Darm-Infektion litt und sich trotzdem gegen jede Vernunft zu einem Dinner mit Filet Mignon und Sauce Béarnaise einladen ließ. Die Quittung kam nach wenigen Stunden: Er musste sich die ganze Nacht hindurch etliche Male übergeben.

Von da an schmeckte ihm Sauce Béarnaise nicht mehr. Sein Körper verabscheute diesen spezifischen Geschmack. Nie wieder diese Sauce!

Schauen wir uns die Lage an: Es ist bekannt, dass Sauce Béarnaise zu Filet Mignon eine exquisite Ergänzung bildet – es wird ein Luxusessen geboten! Die Sauce schmeckt vorzüglich, das weiß Seligman »im Kopf« vorher und nachher. Seligman weiß genau, dass er sich nur deshalb übergeben musste, weil er das Dinner trotz seiner Infektion nicht auslassen wollte. Der Verstand hätte ihm dringend raten müssen, auf das Essen zu verzichten. Aber sein Körper fand die Einladung zu reizvoll, er hat vor und nach dem Dinner über den Kopf Oberhand behalten.

Denn, wie gesagt, von nun an weigert sich Seligmans Inneres. Es zeigt Abscheu, wenn es die Sauce nur sieht oder gar riechen muss. Der Ekel des Körpers siegt für alle Zeit über das Wissen des Verstandes. Der Körper ist »nachhaltig geprägt«. In der Psychologie studiert man solche Konditions- und Prägungsphänomene. Ich will deren Ergebnisse hier mit einer simplen Behauptung pauschalisieren: Im Körper sitzt ein Sensor für »schmeckt gut/schlecht«, der schlägt aus, und entsprechend nimmt der Körper die Speise auf oder er lehnt sie ab. In Martin Seligman ist durch das Erbrechen ein neuer Alarmsensor entstanden, der Sauce Béarnaise als Katastrophe empfindet. Seligman weiß, dass dieser Alarm nach aller Vernunft unsinnig ist, aber er kann ihn per Gehirn nicht anders einstellen oder gar abstellen. Der Sensor reagiert eigenständig und ist vom Verstand her nicht mehr oder nur schwer zu beeinflussen.

Ich kann eigene Beispiele anfügen: Tanzen und Sport treiben. Besonders bei einer Aufforderung zum Tanzen steigt etwas in mir hoch. Das ist in meiner Umgebung so sehr bekannt, dass ich immer wieder damit aufgezogen werde. Meine Familie findet es lustig, weil ich »darauf so schön abfahre«. Ich finde es nicht lustig, weil sich mein Instinkt meldet und etwas in mir wie eine Art Grauen ausbreitet. Das verstehen sie nicht und ulken immer wieder. Ist denn keine Empathie dafür möglich? Die Tanzstunde in meiner Jugend war ein Martyrium. Ich schleppte mich unwillig bis zum Abschlussball und wusste, dass sich meine Partnerin nicht wohlfühlte. Pein über Pein, wochenlang, ich versuchte verzweifelt verkrampft, die Schritte richtig mitzuzählen. Meine Eltern feierten wie damals üblich beim Abschlussball mit. Wir »Kinder« tanzten vor. Die Eltern sahen unterschiedlich befriedigt drein, je nachdem, wie sich das Geld für diese Ausbildung bezahlt gemacht hatte. Meine Mutter befand trocken: »Du tanzt noch sehr mathematisch.«

Versenkt! Etwas fuhr wie ein Blitz in meinen Körper und lebt seitdem in meinem Untergrund. Damals war ich 14 oder 15 Jahre alt, also nicht schon Mathematikprofessor. Aber gerade im Nachhinein beschreibt das Urteil meiner Mutter die Wirklichkeit sehr gut. Seitdem will mein Körper nicht. Nie mehr.

Das zweite Beispiel, implizit verwandt mit dem ersten: Ich war im Schulsport immer schlecht, also nicht gut, eben »befriedigend«. Da überredete ich meine Eltern, auf dem Bauernhof statt einer Teppichstange eine schwere Reckstange wie in der Turnhalle einzuziehen. An dieser Reckstange übte ich Tag um Tag und bekam so langsam ein besseres Körpergefühl. Schließlich fanden die Bundesjugendspiele im Turnen statt. Ich schnitt mit »gut« ab. Der Lehrer: »Du hast erstaunlich besser geturnt als vorher. Ist das eine neue Situation? Ich bin mir nicht sicher, deshalb gebe ich dir doch noch einmal die vorherige Note 3.« Seitdem mochte ich weder Turnen noch Sport. Im Abitur stand an der entsprechenden Stelle immer noch »befriedigend«. Ein einziger Satz eines Lehrers hat Sport für mich vergällt. Mich trieb ein halbes Jahr die Vorfreude am Reck an, dass man mich als besseren Sportler respektieren würde! Und dann das!

Viele Unternehmen lecken in genau dieser Weise ihre Wunden. Sie haben sich an etwas versucht, was sie nicht gut konnten, und es hat nicht geklappt. Wie gesagt: Die großen Konzerne beschäftigen sich in Forschungseinrichtungen mit der Zukunft und sind fast regelmäßig und zwangsläufig zu früh dran. Das ist nicht schlimm, aber sie denken nicht darüber nach, dass es eben einfach nur zu früh ist. Daher verstehen sie und erst recht ihr Management ihr Scheitern nicht. Im Unternehmenskörper bildet sich durch dieses Versagensgefühl ein Alarmsensor: »Finger weg, es ging damals nicht!«

Und wenn die damals untauglichen Ideen neu erwachen, weil es die inzwischen besseren Infrastrukturen hergeben, dann muss man die großen Unternehmen wie einen Hund »zum Jagen tragen«, an den Ohren ziehen, öffentlich verhöhnen oder von Aktienanalysten mit dem Urteil »Sell!« abstrafen.

Unternehmen fehlt der gesunde Menschenverstand, um zu fühlen, wann die Zeit gekommen ist. Das steht nicht in den Statistiken der Vergangenheitszahlen. Echte Unternehmer spüren es, Controller analysieren nachträglich, dass es vor einiger Zeit gut gewesen wäre, wieder einzusteigen. Aus dem »zu früh« wird ein »zu spät«. Immer wieder heißt es in Meetings: »Wir haben uns daran schon einmal die Finger verbrannt.«

Manchmal hilft es, den Vorstand zu wechseln, damit die neue Führung die Unternehmensgeschichte auf einem noch unbeschriebenen Blatt weiterschreiben kann.

6.

Der »Fat Smoker«

Auch wenn es um ein Unternehmen alarmierend schlecht bestellt ist, geschieht nicht viel, kaum jemand tut etwas: Es geht kein Ruck durch das Unternehmen. Alle arbeiten immer noch viele Überstunden, aber es geht weiter bergab. Es ist dringend Zeit für eine Umkehr, aber es geht weiter wie immer. Ohne rechte Hoffnung: Jemand, der innerlich aufgibt, schafft keinen Turnaround.

Der »Fat Smoker« (der übergewichtige Raucher) kennt sein Problem, lässt aber das Rauchen und die Völlerei nicht sein. Ratschläge prallen ab, Krankheit und Verfall drohen. Absteigende Ausreichend-Unternehmen leiden an einem Fat-Smoker-Syndrom. Sie sind bereits »resigniert im Status *Versetzung gefährdet*«. Sie haben Fett angesetzt; sie sind verkrustet. Alle wissen, auch das Unternehmen und seine Mitarbeiter selbst, man müsse »agiler« werden. Stillstand ist im allgemeinen Wandel für die Tonne.

Ich werde oft gefragt, was Digitalisierung für ein Unternehmen bedeutet. Meine Lieblingsantwort fürs Erste: Schauen Sie auf Ihr Unternehmen mit den Augen eines 15-Jährigen. Ändern sie alles, was er im Digitalsinne »altmodisch« findet. Wenn man Unternehmen in dieser Art vor den Spiegel stellt, sehen sie sich klar. Sie sehen es aber nicht ein, sich zu ändern. So wie man vor dem Spiegel sagt: »Ich habe ziemlich Übergewicht, aber was soll's?« Unternehmen können schlecht arbeiten, wenn sie ihre Fehler nicht einsehen, aber hier bespreche ich das Problem, dass man mit den klar erkannten Fehlern zufrieden weiterlebt und höchstens einmal kurzfristige Anstrengungen unternimmt, um den Kritikern guten Willen zu zeigen.

Wenn Sie kristalline Vernunft lieben, mögen Sie wahrscheinlich auch Bücher von David Maister. Eines trägt den Titel *Strategy and the Fat Smoker*. Und der Untertitel »ist mit Geld nicht zu bezahlen«. Er lautet: *Doing what's obvious but not easy*. Maister rät immer wieder, das Offensichtliche zu tun, aber – so weiß er selbst – das ist nicht einfach.

Ich habe etliche Bücher von Maister mit wirklichem Gewinn gelesen. Das kam so: Ein Freund von uns hier in Waldhilsbach feierte Geburtstag. Zwischendrin musste ich mich kurz für eine biologische Pause hinwegbegeben und stellte auf der Toilette fest, dass hier offenbar eifrig gelesen wurde. Wo hat man sonst seine Ruhe? Da lagen Zeitschriften und ein Buch von David Maister: *Managing The Professional Services Firm*. Ich schlug dieses Buch auf und fand gleich vorne ein wichtiges Statement. Maister stellt fest, dass fast alle Service-Firmen ihre Mission so beschreiben: Sie tun alles für die Kunden- und Auftragsgewinnung, bieten ihren Mitarbeitern einen attraktiven Arbeitsplatz, erreichen ihre finanziellen Ziele und wachsen weiter. Von da ab handelt das Buch eigentlich nur von der Mitarbeiterseite, die nach Maister in Unternehmen stiefmütterlich behandelt wird. Man konnte schon damals den schleichenden Bruch der psychologischen Kontrakte im Mitarbeiterverhältnis erahnen. Das viel beschworene »wertvollste Gut« eines Unternehmens, der Mitarbeiter, wurde durch den Einzug der Shareholder-Value-Orientierung zur planbar dressierten Humanressource, die nur mehr »ausreichend für den heutigen Job« ist. Nichts gab mir je wieder so starke Impulse wie dieses Buch. Ich begann damals, über das Management an sich nachzudenken. In gewisser Weise fing mein Schriftstellerdasein wegen der ersten zwei Seiten an, die ich damals schnell auf der Geburtstagsfeier durchlas.

Was ein Fat-Smoker-Syndrom ist, wird aus der Bezeichnung fast klar. Versetzen Sie sich in einen übergewichtigen und stark rauchenden Alkoholiker, den langsam immer mehr Warnzeichen erreichen: Die Zucker-, Lungen-, Leber- und Herzwerte sind schlecht. Er hustet. Bewegung fällt ihm schwer. Sein Job gerät in Gefahr. Es ist klar, dass er nun dahinsiecht. Er weiß, was ihm blüht. Es ist bekannt, wie er gesund werden kann, die erfolgreichen Methoden gehören zur Allgemeinbildung. Er weiß das alles; die Familie, die Ärzte und andere ungebetene Besserwisser haben ihn restlos aufgeklärt, belehrt und manchmal verzweifelt angeschrien. Es ist absolut sicher, dass alle vorgeschlagenen »nachhaltigen« Methoden und Verhaltensänderungen erfolgreich sein werden, wenn er nach ihnen gesund lebt.

Es ist offensichtlich, aber eben nicht leicht.

Das Resultat: Es geschieht außer ein paar Diätversuchen nichts. Mark Twain versicherte, dass es leicht wäre, mit dem Rauchen aufzuhören, er selbst wisse das, denn er habe es schon viele Male geschafft. Das kennen wir, darüber lachen wir. Aber die Ausreichend-Unternehmen wursteln weiter, verschließen sich allen Innovationen und finden das Dahinsiechen bequemer als das Anpacken. Der damalige Bundespräsident Roman Herzog befand in seiner berühmten Rede im Jahre 1997, es müsse »ein Ruck durch Deutschland« gehen.

Seitdem ist fast ein Vierteljahrhundert vergangen, und wir stellen fest: »Die Deutschland AG hat ein starkes Beharrungsvermögen.« Wir wissen, dass Schweden, Süd-Korea und die baltischen Staaten uns bald Beine machen werden. »Was soll's; wir sind nicht mehr Erster, sondern Durchschnitt. Tut ja nicht weh.«

Aber der Niedergang ist überall mit Händen zu greifen: Die Bahn wird immer chaotischer und unpünktlicher. Die Autobahnen sind sanierungsbedürftig. Die Brücken verfallen. Kanäle müssten wieder ausgeschachtet werden. Schulen sind marode, Lehrer fehlen. Die vielen in den 1970ern in den Betrieb gegangenen Universitäten müssen erneuert werden. Die Waffen der Bundeswehr sind zum großen Teil unmodern und nicht einsatzbereit, sodass aktuell Widerstand gegen Russland kaum möglich wäre. Über den deutschen Internetausbau lachen Entwicklungsländer. Das Pflegesystem ist überlastet, die Kinderbetreuung unzureichend. Die Digitalisierung wird seit Jahren nur unter dem Thema »Fluch oder Segen« diskutiert. Es gibt keinerlei Aktivitäten rund um Altersarmut und Überalterung. Verunsicherte Nicht-mehr-Volkspolitiker weigern sich, der Bevölkerung zu erklären, dass Renten bei längerer Lebenserwartung und besonders der Klimawandel Geld kosten. Ein ums andere Mal beschämende Vergleiche mit Schweden oder Südkorea gehen niemandem mehr unter die Haut, all das ist schon zu oft gesagt worden. Wenn man jemanden mit »Fat Smoker« betitelt, mag der zuerst noch aufrauschen, aber nach dem tausendsten Mal tropft es ab.

Deutschland ist eingeknickt und hat sich seinem Schicksal ergeben. Es ist offensichtlich, was zu tun wäre: Alles wieder in Schuss bringen, so wie der Fat Smoker Leber, Lunge, Herz und Nieren wieder fit machen soll. Das alles ist offensichtlich, aber eben nicht leicht, weil so lange geschludert wurde. Geld war stets genug da, denn die Steuerquellen sprudelten kräftig, aber man hat es voll sozial per Wahlversprechen verteilt, so wie der Raucher für Zigaretten, nicht für Gesundheit. Deutschland wirtschaftet »gegen« seine Verhältnisse.

Wir Menschen hoppeln durch Schlaglöcher, stehen in Staus, warten auf Arzttermine, lassen uns in unwürdigen Zuständen zu Tode pflegen ... Wir hatten in den 1980er Jahren die 35-Stunden-Woche erkämpft, die eisern eingehalten wurde. Alles war noch in Schuss. Der Feierabend war wohlverdient. Heute erwarten die Unternehmen jede Menge Überstunden. Aus den 35 Stunden sind in vielen Berufen 50 geworden, also ungefähr 50 Prozent mehr! Wo sind die 50 Prozent hin? Die haben die Unternehmen gerne einkassiert. Sind die Unternehmen besser geworden, weil so viele von uns bis an den Rand des Burn-outs arbeiten?

> Unsere jetzige Ausreichend-Wirtschaft performt viel schlechter als das einstige stolze Wirtschaftswunder.

Der »Fat Smoker« beschreibt eigentlich ein schwarzes Loch, in dem alles verschwindet. In einem Ausreichend-Unternehmen verschwindet unser Herzblut. Es geht immer weiter, nichts kommt wieder auf einen grünen Zweig. Eine Umkehr wäre möglich, grenzt aber an ein Wunder.

7.

Die Exzellenz-Psychose oder zwei Affen ohne Angst

Es gibt eine Art Blindheit gegenüber aufkommender Konkurrenz in den angestammten Märkten. Die kann ein Unternehmen nicht nur jede Menge Arbeit für die Tonne, sondern sogar die Existenz kosten.

Alteingesessene Unternehmen treffen sich auf den üblichen Kongressen und kennen sich schon lange. Wenn dort auf der Bühne ein kleines Start-up leuchtend begeistert vorträgt, dass dessen Innovation ihren Markt bedroht, sind sich die Stammbesucher in seltener Eintracht einig: Dieses Neue ist unterhaltsam, aber sie können es getrost ignorieren.

Gibt es so etwas wie eine Exzellenz-Psychose der Eliten? Dazu fällt mir ein oft angeführtes Experiment ein.

Erster Teil: Ein Affe sitzt in einem Käfig hinter nicht sehr engen Gitterstäben. Vor dem Käfig, also auf der anderen Seite des Gitters, bellt ein bösartig die Zähne fletschender Hund. Der Affe bibbert vor Angst und versucht, sich tot zu stellen. Er hat Angst, der Hund könne sich am Ende doch noch durch die Gitterstäbe quetschen.

Zweiter Teil: Man lässt einen zweiten Affen als Kompagnon in den Käfig ein. Zu zweit halten sie sich zunächst ängstlich in den Armen. Ihre Angst sinkt nach und nach beträchtlich. Nach einiger Zeit überzeugen sie sich gegenseitig durch Gebärden, dass ihnen eigentlich gar keine Gefahr droht. Da beginnen sie vor dem Hund zu feixen, der immer wütender wird. Das freut sie sehr. Sie sind dem Hund überlegen.

Stellen Sie sich nun vor, bei einer Veranstaltung im Jahre 2012 trägt ein gewisser Elon Musk vor. Er ist der schillernde Boss einer relativ unbekannten Firma Tesla mit 400 Millionen Dollar Jahresumsatz. Er spricht von seiner Absicht, den Markt durch Elektro-Autos zu revolutionieren. Da lachen die Zuhörer der etablierten Verbrennermaschinenfirmen höhnisch. Im Experiment würden die Affen lachen, weil vor dem Gitter ein frischgeborener Welpe behauptet, sie fressen zu wollen. Nur 400 Millionen Dollar Jahresumsatz und gleichzeitig große Verluste! Lächerlich!

Im Internet finden Sie ein einminütiges Video mit einem Statement des damaligen VW-Chefs Matthias Müller.* Er nimmt im Oktober 2017 auf dem Forum »Zukunft der Automobilindustrie« in illustrer Diskussionsrunde kurz Tesla aufs Korn. Müller führt aus: Tesla baue nur wenige Autos und verbrenne pro Quartal dreistellige Millionenbeträge, wohingegen VW weit mehr als 10 Milliarden Gewinn pro Jahr erwirtschafte. Er appelliert an die begeisterten Tesla-Jünger, doch einmal die Kirche im Dorf zu lassen. [Zur Einordnung: Anfang 2018 berichtet Tesla von einem Umsatz von 11 Milliarden Dollar für das Jahr 2017 bei hohen Verlusten.]

Ich möchte darauf hinaus: Das Publikum applaudiert und die Top-Automobil-Repräsentanten auf dem Podium lachen herzlich, auch die bekannte Moderatorin. Sie lachen alle!

Im Experiment lachen die Affen über den Welpen, der aber inzwischen erwachsen wurde. Sie fühlen sich immer noch gemeinsam sicher.

Für das Jahr 2021 (vier Jahre später) weist Tesla einen Umsatz von rund 53 Milliarden Dollar und einen Jahresgewinn von rund 5,5 Milliarden Dollar aus. Die 2021er Zahlen für AUDI: 53 Milliarden Euro und 5,5 Milliarden Euro operationaler Gewinn (fast dieselben Zahlen, aber mit dem Unterschied Dollar zu Euro).

Die letzten Zahlen vor der Drucklegung dieses Buches: Tesla setzte im ersten Quartal 2022 rund 18,76 Milliarden Dollar um und erzielte dabei rund 3,3 Milliarden Dollar Gewinn (Stärkstes Wachstum gegenüber 2021!). VW schätzt derzeit den Quartalsgewinn Januar-März 2022 auf 5 Milliarden Euro (bereinigt um Bewertungs-

---

*Bitte nehmen Sie sich eine Minute Zeit und schauen Sie das Video an: https://www.youtube.com/watch?v=wSklSKRkIpk (alternativ suchen Sie bei Google mit »youtube vw müller tesla«)

effekte) und beklagt einen starken Absatzrückgang in China. Die letzten Umsatzschätzungen lauten nach Statista: Die Marke VW setzt im ganzen Jahr 2022 circa 110 Milliarden Euro um, die Marke AUDI knapp 60 Milliarden Euro.

Fazit: In diesem Jahr 2022 überflügelt Tesla die AUDI-Tochter von VW deutlich, wahrscheinlich nächstes Jahr auch die Marke VW und noch zwei Jahre später den ganzen Konzern. Und jetzt schauen Sie sich nochmals das VW-Müller-Video von vor fünf (!) Jahren an.

Ist es nicht immer so: Wenn ein einziger Konzern den Markt beherrscht, wird er eifersüchtig schauen, ob sich Widerstand regt, den er bekämpfen muss. Es gibt auch hier schon Größenwahnsinn, aber nicht so oft. Wenn sich aber eine ganze alteingesessene Branche an ein langes Miteinander gewöhnt hat, dann neigt sie dazu, sich für perfekt, mindestens aber für unangreifbar im Ganzen zu halten. In diesem Sinne hatte der Handel lange Zeit eine Exzellenz-Psychose gegenüber dem Internethandel, insbesondere gegenüber Amazon und später noch schriller gegen Zalando. Ich weiß noch, wie aggressiv die Stimmung Anfang der 2000er Jahre in einem Meeting mit der Parfümerie Douglas war, als ich den Aufbau eines Online-Handels vorschlug. Ich war eher euphorisch: »Sie haben Glück, weil Sie kein Problem mit dem Haltbarkeitsdatum und der Verderblichkeit haben!« Ich zog nach der Antwort schnell den Kopf ein, damit er nicht abgerissen wurde. Heute baut die Chefin Tina Müller den ganzen Konzern um: Douglas hat nicht etwa nur ein Online-Angebot, nein! Der Konzern wird zu einem Online-Unternehmen, das auch Filialen hat.

Das, was ich hier Exzellenz-Psychose nenne, kostet ein Unternehmen viele Jahre Aufholjagd gegenüber dem vorausgeeilten Neuen und oft die Existenz.

Ein Unternehmen sollte nicht lachen oder gar feixen.

Ich werde oft gefragt, wie man Innovationen im Unternehmen fördern könnte. Da stelle ich die Gegenfrage, ob im Unternehmen alle

Start-ups dieser Welt bekannt wären, die ihnen gerade das Wasser abgraben wollen. Auf diese Frage hin hat noch kein Unternehmen genickt. Mein Vorschlag: »Sie lassen surfen, welche Start-ups und Newcomer im allerweitesten Sinn auf Ihren Feldern agieren wollen. Dann verteilen Sie diese Newcomer-Namen an das Managementteam. Jeder Manager präsentiert die ihm zugeteilte Firma, als ob es seine eigene wäre. Das ist für den Anfang besser als ein ›Innovation Day‹-Ritual mit eigenen Ideen.« Dieser Vorschlag ist jedes Mal wieder begeistert aufgenommen worden. Ich habe aber noch nie mitbekommen, dass er umgesetzt worden wäre.

Kennen Sie das bei einem Psychotiker, der behauptet, der einzig wahre Gott zu sein? Der mag natürlich nicht im Netz nach anderen Göttern surfen.

Eine Psychose ist eine schwere Störung, bei der die Betroffenen (Menschen, Unternehmen, Länder) den Bezug zur Realität verlieren und sich selbst anders wahrnehmen – eventuell auch mehr in der Art, wie sie es sich wünschen.

Eine solche Realitätsferne scheint derzeit unseren ganzen Staat zu erfassen. Deutschland findet sich immer noch rundweg gut. Kennen Sie diese Statements?

»Deutschland ist das Land der Dichter und Denker.« – »Deutschland ist berühmt für seine Ingenieurskunst.« – »Deutschland wird von jeher für das weltbeste Bildungssystem gefeiert.« – »Der Autobahnausbau in Deutschland ist ein Vorbild in der ganzen Welt.« – »Deutschlands Sozialsysteme bieten jedem Schutz vor aller Unbill. Darum beneiden uns alle.« – »Die Renten sind auskömmlich und sicher.« – »Die Bundeswehr ist ein Garant für die Sicherheit Europas.« – »Das hiesige Gesundheitssystem ist das beste der Welt. Japan hat es am Anfang des 20. Jahrhunderts übernommen, auch die Administration.«

Und bei den Unternehmen? »Deutsche Banken sind führend in der Welt.« – »Deutsche Autobauer erfüllen den Deutschen mit Stolz.« – »Das duale Ausbildungswesen ist einmalig in der Welt.« – »Der deutsche Facharbeiter ist der bestausgebildete.«

Aber die Exzellenz-Psychose hält sie in alten Realitäten fest. Objektiv betrachtet, machen sie sich auf diese Weise lächerlich.

Leider sind die selbsternannten Einser-Unternehmen und das vermeintliche Einser-Deutschland schon lange auf dem Wege zum Ausreichend.

Eine Leser-Mail, die ich hier komprimiert wiedergebe, bringt die Problemlage auf den Punkt:

»Es gibt zwei unumstößliche Wahrheiten. Erstens: Die deutsche Staatsverwaltung und das Bildungswesen sind seit Jahrhunderten die überall anerkannt besten der Welt; sie sind wahrscheinlich historisch der größte Exportschlager unseres Landes.

Zweitens: Bei den Flüchtlingskrisen, den Unwettern, in der Pandemie und rund um Afghanistan ist so etwa alles schiefgelaufen, so sehr, dass man sich schämen muss, Bürger dieses Landes zu sein. Bei allen Ländervergleichen liegt Deutschland auf den hinteren Plätzen.

Meine Frage an Sie, Herr Dueck: Wie passt das zusammen? Das kann doch nur durch Sabotage geheimer Eliten erklärt werden.«

Dieser Leser sieht die schwächelnden Realitäten des täglichen Lebens, aber es gibt für ihn die parallele Wahrheit, dass wir die Besten sind. Wie kann beides gleichzeitig wahr sein? Das gelingt nur über eine Erklärung, dass geheime Mächte am Werk sind. Bekanntlich leiden Größenwahnsinnige, die sich für Gott halten, meist auch unter Paranoia, mit der sie die Widersprüche erklären können, die dadurch entstehen, dass niemand vor ihnen freiwillig niederkniet. Das haben wir immer ein bisschen an den USA bekrittelt und an Trump sowieso, der sich immer noch als Präsident fühlt. Aber langsam zieht hierzulande etwas ähnlich Ungutes ein.

8.

Sauwiegen in Meetings – das Unternehmen hat künstliches Fieber!

Meetings über Meetings, die von den Teilnehmern als unfruchtbar empfunden werden. Viele macht das mögliche Homeoffice glücklich, weil sie dort sinnvoll nebenher arbeiten können, wenn sie wegen »des schlechten Internets die Kamera ausschalten mussten«. Bekanntlich sind Live-Meetings besonders nervtötend, wenn sich ein Chef/Projektleiter über längere Zeit nur mit dem Einzelproblem eines einzigen Mitarbeiters befasst. Warum sitzen die anderen überhaupt da und vertun sinnlos ihre Zeit? Sie könnten gut nebenbei arbeiten, aber darauf reagieren die Sitzungsleiter gereizt. Sie halten Nebenbeschäftigungen für mangelnden Respekt oder gar trotzige Frechheit. Ich habe erlebt, dass sich Chefs wegen eines angeblichen wichtigen Telefonats entschuldigten, kurz die Sitzungsleitung an einen Stellvertreter abgaben und dann in ihrem Büro auf dem Computer nachschauten, welche Meeting-Teilnehmer online waren – die hatten offenbar sofort den Laptop aufgeklappt, weil sie vor dem Stellvertreter keine Scheu zeigten. Der Chef kam wütend zurück – und es gab eine unerfreuliche Ansage.

Viele Chefs führen Meetings in der Vorstellung eines Offiziers vor versammelter Mannschaft in Habachthaltung. Insbesondere die Meetings, in denen die Präsentation von Erfolgszahlen quälende Pflicht ist, dienen dem öffentlichen »Grillen« der Zahlenverantwortlichen, so wie früher Hinrichtungen als öffentliches Spektakel inszeniert wurden, um den Zuschauern schaurig klarzumachen, was mit Abweichlern und Unbotmäßigen geschieht. Die Delinquenten stehen jetzt »schlussendlich« im Zentrum der Aufmerksamkeit. Bereichsleiter für Bereichsleiter muss vortragen, man sieht es schon an ihrer Sitzhaltung: die einen nervös-sorgenvoll in ihre Laptops starrend, die anderen nur wenig entspannter. Die Loser ringen um Ausreden, die jetzt beim finalen Grillen nicht mehr erlaubt werden. Keine Begründungen, keine Erklärung besonderer Umstände, kein letztes Wort. Wehe dem, der keine Zahlen zum Prahlen vorrechnen kann. »Not effort counts, but results!«

Zahlen zum Prahlen, bitte!

Selbst der Beste wird gebügelt: »Was soll das heißen? Sie kommen damit, dass sie besser dastehen als die anderen? Das ist falscher Stolz. Der ist hier fehl am Platze, ein No-Go bei mir! Ihre Haltung ist nicht akzeptabel. Wieso können Sie nicht noch besser sein? Haben Sie wirklich alles herausgeholt? Gönnen Sie sich jetzt etwa Ruhepausen, nur weil die anderen schlechtere Zahlen präsentieren? Ich will sehen, dass Sie sich ständig bis zum Umfallen einsetzen! Aber was sehe ich? Sie leiden nicht! Wie können Sie zufrieden sein, der Beste zu sein, wenn Sie nicht leiden?«

Und im kleinen Kreis heißt es: »Ich will, dass die Leute zu jeder Zeit unruhig sind – Tag und Nacht! Ich will diese Faulenzer auf Trab halten. Unermüdlich sollen sie baggern und sich strecken. Wer genug zu essen hat, hört auf zu arbeiten. Wenn die Zahlen nicht besser werden, bestrafe ich sie: Es wird Meeting auf Meeting hageln, bis in die Nacht. Ich werde sie nach jedem Detail ihrer Zahlen und ihrer Kunden befragen – und wehe, sie wissen nicht alles tagesaktuell. Diese Loser, ich sollte sie alle austauschen. Im Prinzip sind sie sogar zu Hochleistungen fähig, aber nur zu Hause. Einer von denen hat einen Weinberg, als ob das nebenbei ginge, und ein anderer schreibt Bücher!«

Ja, ja, so etwas wie mit den Büchern soll angeblich einige Male auch über mich gesagt worden sein, das können Sie sich ja denken. Daher schweife ich kurz ab. Schaudern Sie auch bei »Wer genug zu essen hat, hört auf zu arbeiten«? Diese Überzeugung habe ich original so gehört, und zwar von einem Vorstandsvorsitzenden eines großen Konzerns. Ich erinnere mich noch, wie erschrocken ich war. Und ich betone: Was ich hier anekdotisch anmerke, hat meist nicht bei der IBM stattgefunden. Viele Leser unterstellen mir dies immer. Liebe Leser, ich bin doch überall auf Konferenzen und Firmenveranstaltungen als Redner aufgetreten. Ich war meist auswärts und absichtlich möglichst selten zum Sauwiegen in IBM-Meetings. Diese internen Sitzungen waren allerdings nicht so angenehm, wie ich sie gerne gehabt hätte, aber nehmen Sie beim Lesen bitte nicht immer in billiger Weise an, dass ich mit meinem früheren Arbeitgeber abrechne. Es könnte eher bei Ihnen geschehen sein. Leute wie Sie haben mir jahrelang nach Konferenzreden gesagt, ich wäre in Ihrem Unternehmen als Querkopf glatt gefeuert worden. Ich bekam einmal einen Leserbrief eines Mitarbeiters eines sehr großen Telekommunikationsunternehmens: »Ich hasse Sie, Herr Dueck, und wissen Sie, warum? Weil Sie nicht in Bonn arbeiten. Aber wenn Sie hier wären, würde man Sie feuern.« Sinngemäß habe ich solche Äußerungen auch aus Frankfurt und Stuttgart gehört, aus anderen Branchen.

Zurück zum Thema:

Die Vernunft denkt laut nach: »Das häufige Wiegen der Sau macht sie nicht fetter.«

Doch darum geht es gar nicht. Das häufige Grillen der Manager durch die Firmenleitung hält sie in ständiger Versagensangst und in Furcht vor öffentlicher Erniedrigung. In dieser Stimmung geben sie ihre eigene Qual nach unten weiter. Sie wissen, dass sie vor dem Chef über alles ständig Rechenschaft ablegen müssen. Daher lassen sie sich ständig »über jeden Mist« in ihrem Bereich informieren. Die Mitarbeiter schuften mit der Beschaffung solcher Informationen überwiegend für die Tonne. Sie merken, dass der Chef an den mühevoll zusammengetragenen Daten gar nicht selbst interessiert ist, das irritiert sie. Sie verstehen nicht, dass er gegrillt werden wird. Daher halten sie ihren Chef wegen seines abstrakten und realitätsverweigernden Drängelns für grausam unterbelichtet und freuen sich über jede Stunde, in der er nicht mit der Frage nervt: »Wie weit seid ihr?« Er fragt dabei nicht ein einziges Mal eine Spur höflicher: »Wie weit sind wir?«, denn für schlechte Zahlen sind immer die weiter unten verantwortlich. Von oben wird nur Druck gemacht.

Um zu erhellen, wie es zu den vielen Meetings kommen kann, gebe ich Ihnen den Inhalt einer Leser-Mail an mich in verschärfter Form wieder. Ein frisch gebackener Manager soll sein »Managementsystem« einrichten; es stellt sich heraus, dass es im Prinzip auf organisiertes Sauwiegen hinausläuft. Ist das schon das ganze Management? Die Mail:

Ich trat in einem Unternehmen eine Hauptabteilungsleiterstelle an. Gleich in der ersten Woche kam eine wie selbstverständlich gehaltene Forderung, ich solle möglichst sofort mein »Managementsystem« mitteilen. Ich wusste leider nicht, was ich antworten sollte. Peinlich. Ich wusste nicht, was ein Managementsystem sein sollte oder könnte. Sollte ich erklären, dass ich mehr autoritär, pushy oder lieb manage? Ich setzte mich vor Google, weil ich mich nicht traute, einen Kollegen zu fragen. Was ist bloß ein Managementsystem, um Himmels willen? Ich las: »Es ist ein Gerüst von Prozessen und Abläufen«, aha. Ich merkte, ich würde nicht allein aus der Nummer herauskommen. Ich biss in den sauren Apfel und fragte verlegen die Chefsekretärin des Bereichsleiters. Sie wusste es!

Ihre Auskunft: »Sie müssen festlegen, welche Meeting-Kaskaden Sie anordnen. Es gibt tägliche Kurzmeetings, dann Wochenmeetings, Monatsmeetings, Quartalsmeetings, Strategiemeetings, Team-Buildings, Wellbeing, na, das eher selten. Da werden die Zielerreichungsgrade gecheckt, Leistungsziele verteilt, Strategien besprochen. Vierzehn Tage vor dem Quartal ist es angesagt, die Mitarbeiter heftig zu motivieren.«

»Bedrohen, meinen Sie?«

Sie lächelte. »Das haben Sie gesagt. Sie können in der nächsten Woche selbst lernen, wie der neue Chef mit Ihnen umgeht. Nehmen Sie sich diese Zeremonie als vorbildliches Beispiel.«

»Kann ich denn nicht auf eine andere Art managen?«

»Versuchen Sie es. Sie müssen immerhin anerkennen, dass der Chef Bereichsleiter geworden ist, also kann es nicht falsch sein, wenn er Sie anblafft.«

»Gut, gut, aber was soll ich denn jetzt als System liefern?«

»Na, einen kompletten Meeting-Plan für das ganze Jahr. Beachten Sie Feiertage und Urlaubszeiten. Fixen Sie alles in allen Kalendern der Mitarbeiter, nein, schicken Sie es erst her, ob wir noch zusätzliche Meetings für erforderlich halten. Die Erfahrung zeigt, dass viele Hauptabteilungsleiter nicht so viel arbeiten wollen, da müssen wir die Möglichkeiten zur Korrektur haben.«

Wenn die Unternehmenskultur die Zahlenmeetings so prominent nach vorne stellt, verkümmert sie schleichend zu einer Ausreichend-Kultur, weil sie damit mit der Zeit unweigerlich ermüdet. Die Manager sitzen wie in der Schule vor einem Lehrer, der absichtlich bei jeder Leistungslage stereotyp erklärt, dass die Klassenarbeit schlecht ausgefallen ist. Rotstift und Strafen herrschen. Burn-outs liegen in der Luft!

Burn-outs drohen bekanntlich bei ständigem Misserfolg trotz beständig heroischer Anstrengung. Und aus Sicht des bewusst unruhestiftenden Chefs ist ja so ziemlich alles ein Misserfolg. »Alle sollen ständig brennen!« Bis sie ausgebrannt sind. Lob bekommt man in solchen Lagen eigentlich nur durch emotionale Selbstanklagen in Meetings: »Ich zermartere mir den Kopf, wie ich noch besser sein könnte, Chef. Ich bin dankbar, dass Sie mich immer wieder motivieren.« Da lächelt der Chef. So will er alle haben.

Das Sauwiegen und das bewusst unzufriedene Antreiben wirken wie künstlich erzeugtes Fieber in einem Unternehmen.

Fieber beschleunigt die Reaktionen im Körper und führt zu schnellerer Heilung. Fieberzustände bringen aber Erschöpfung und Niedergeschlagenheit mit sich. Dauerstress blockiert. Hektik verblendet. Und das Sauwiegen kostet Zeit.

Das ist allseits bekannt, aber es ist in Ausreichend-Unternehmen Usus. Die Ausreichend-Mitarbeiter akzeptieren diesen schlechten Stil. Manche, die meist schlechte Schüler waren, halten das Sauwiegen für ganz normal. Sie kennen es nicht anders als damals in der Schule: »Ich habe stets am besten gearbeitet, wenn mir die Angst im Nacken saß, bald einen Tritt in den Hintern zu bekommen. Ich habe immer einen Impuls gebraucht, um dann für kurze Zeit volle Leistung zu bringen.«

Für kurze Zeit … Dafür braucht man viele Meetings. Für künstliches Fieber.

9.

Bore-out in Meetings? Geht einfach nicht hin!

Heutzutage sitzen nicht nur Manager in Dauer-Meetings. Immer mehr Mitarbeiter sind betroffen. Bei den heute modernen agilen Entwicklungsprojekten gibt es zwar noch Entwickler, die wirklich arbeiten. Aber die »Überbau-Umgebung« dehnt sich aus, die zu Meetings (ver-)führt: Projektleiter, Product Owner, Scrum Master, Tester, Business-Analysten, Lösungsarchitekten et cetera kümmern sich um verschiedene Aspekte wie Qualität, Team-Performance, Finanzen, Exzellenz der Gesamtlösung und ihren Marktwert beim Kunden. Ein Projekt wird zunehmend wie ein kleines Unternehmen geführt. Und wenn man nicht aufpasst, gibt es zu viel »Abstimmungsbedarf«. Hinzu kommt, dass zum Beispiel viele Entwickler von Autoteilen oder Software gar nicht im Unternehmen selbst arbeiten, sondern als Freelancer in »Indien« oder im Homeoffice. Sie alle müssen »koordiniert« werden. Leider muss bei dem Ansetzen von Meetings etwas Rücksicht auf verschiedene Zeitzonen genommen werden … Wenn nun viele Entwickler aus der geografischen oder digitalen Ferne arbeiten, findet die tatsächliche Arbeit weit weg statt, und hierzulande ballen sich die Leitungsfunktionen der Projekte. Deshalb sieht es manchmal so aus, als wenn alle Mitarbeiter ihre gesamte Zeit in Meetings verbringen.

Das muss etwas mit Parkinson's Law zu tun haben! Es gibt für die gleiche Arbeit immer mehr »Rollen«, sodass der sogenannte Overhead ständig zunimmt, unabhängig vor der Arbeitsmenge. Leider ist es so, wie ich immer wieder sagen hörte:

»Hier können eigentlich nur noch Werkstudenten fruchtbar arbeiten, weil sie nicht in Meetings müssen und ungestört viel wegschaffen können.«

Und es gibt zum Thema auch jede Menge reale Anekdoten. Hier ein Beispiel, das ich ein wenig ausgeschmückt habe. Einiges würde vielleicht nicht so offen ausgesprochen werden:

Der Hauptabteilungsleiter bemerkt seit einigen Minuten, dass jemand schüchtern auf eine Gelegenheit wartet, ihn anzusprechen.

»Sie scheinen auf mich zu warten? Was gibt es?«

»Ich bin der neue Mitarbeiter, ich soll mich bei Ihnen melden.«

Der Manager überlegt kurz: »Ah, stimmt, Sie habe ich ganz vergessen! Heute ist der Monatserste, genau. An diesem Tag bin ich immer etwas verplant. Sie müssen wissen, dass wir zu jedem Monatsende viel Prügel von oben bekommen, damit der Umsatz stimmt, sodass ich die erste Woche im Monat einfach nur durchatmen muss. Ach, keine Angst, verstehen Sie es bitte richtig: Ich selbst bekomme die Prügel, nicht Sie. Mitarbeiter bekommen hier nur direktes und ehrliches Feedback. Was kann ich für Sie tun?«

Der Mitarbeiter, immer unruhiger: »Ich möchte mit meiner Arbeit beginnen. Wozu bin ich eingeteilt?« Der Manager weiß das nicht: »Oh, da fragen Sie mich was. Es ist so: Einer meiner wichtigsten Mitarbeiter hat Knall auf Fall gekündigt, weil ... na, das sollten Sie lieber nicht wissen. Ich schlage vor, Sie schlüpfen einfach in seine Rolle. Ich habe zu viele Mitarbeiter, die an mich berichten! Darauf bin ich sehr stolz, weil es mich aufwertet, aber ich überblicke das kaum noch. Moment!«

Der Hauptabteilungsleiter geht energisch schreitend in ein Großraumbüro, der Neue folgt ihm unsicher. »Nur eine Frage an alle ... Hallo, noch einmal, ich verlange kurz Aufmerksamkeit, reißen Sie sich bitte aus Ihrer zu tiefen Konzentration heraus, ich habe nur eine unwichtige Frage, eine einfache, meine ich. Hallo! Mist, ich muss brüllen, diese Lärmschutz-Kopfhörer der Techies komplizieren das Managen. Hallo! Hörer runter! Hier ist der Neue, der jetzt für unseren plötzlich Geflüchteten als Ersatz von der HR-Fraktion geschickt worden ist. Wo ist sein Schreibtisch?«

Ein Mitarbeiter wirft ein: »Wir haben doch flexible Arbeitsplätze!«

»Ja, stimmt, das ist billiger. Welche Aufgaben sollen ihm übergeben werden?«

»Die bekommt er in seinen Meetings, Chef!«

»Und zu welchen Meetings soll ich ihn abordnen? Weiß das jemand?«

»Chef, das ist einfach. Der vor Ihnen Geflüchtete, also das haben Sie so gesagt, ich meine, Sie haben das sehr gut ausgedrückt, er hat uns an seinem letzten Arbeitstag seinen Meeting-Plan ausgedruckt. Hier ist er.«

Der Hauptabteilungsleiter nimmt das Blatt entgegen und übergibt es dem Neuen. »Hier ist erst einmal Ihr Meeting-Plan.« Der Neue schaut kurz darüber, zieht seine Stirn kraus und scheint zu zählen. »Chef, es sind 24 Stunden die Woche!«

Der Chef ist irritiert: »Ist Ihnen das zu viel Arbeit? Am ersten Tag sagen Sie das schon? Ich selbst habe noch viel mehr Meetings, Sie haben ja noch gut Luft im Kalender. Na, wir werden uns schon zusammenraufen.«

Die anderen Mitarbeiter auf der Fläche murren. »Chef, diese Unterbrechung stört gerade, denn die meisten arbeiten gerade nicht produktiv, wir sind fast alle in Telefonmeetings, da müssen wir aufpassen, dass uns gerade keiner einen Task in Abwesenheit reindrückt!«

Der Chef geht etwas pikiert auf den Gang hinaus, der Neue fragt, woher er einen Dienstcomputer und ein Telefon bekommt. Das weiß keiner der Mitarbeiter. Sie sind schon länger da, und es ändert sich ja ständig. »Wir hatten schon einmal einen Onboarding-Prozess, der liegt aufgeschrieben in der Verwaltung.«

»Und warum handeln wir nicht danach?«

»Das geht nur für neue Vollzeitmitarbeiter, aber nicht für Leiharbeiter, Teilzeit, Freelancer, externe Berater, Lieferanten, Facility-Management, Post … es ändert sich ständig, es gibt kaum noch ein festes Gerüst bei unserer Arbeit, Chef!«

Der Chef antwortet sehr selbstbewusst: »Ich denke doch, dass ich das Gerüst bin?« – »Nein Chef, der Meeting-Plan ist es.«

In einem Ausreichend-Unternehmen gibt es immer genügend Probleme, die in Meetings besprochen werden müssen. Meistens in Reihum-Manier, sodass jeder einmal drankommt und für den Rest der Zeit döst, im Homeoffice Kaffee holt, den Kindern eine andere Sendung im TV anstellt oder zornige Selbstgespräche führt, weil es auffiel, dass jemand unvorbereitet ins Meeting kam (alle waren ebenfalls unvorbereitet, aber es fiel nicht auf). Die Leute haben wieder nicht alles geschafft und blaffen zurück: »Ich habe nur zwei Hände, ich kann nicht alles schaffen. Wer mir wieder etwas aufdrückt, soll sagen, was ich weglassen kann. Wir müssen die Sache vertagen, auch wenn das Projekt dadurch länger dauert.«

Meetings sind so zäh und langweilig – und gleichzeitig zerrt es an den Nerven, weil sich die Arbeit an anderen Stellen zu stapeln beginnt.

Zur Erläuterung akzentuiere ich eine weitere Leserzuschrift an mich:

Ich arbeite bei einem DAX-Unternehmen, und ich lese Ihre Bücher, obwohl ich sonst nicht so selbstquälerisch bin. Da kam eine junge Kollegin aus einem anderen Bereich im oberen Stock, mit der ich nur gelegentlich zu tun habe, mit verweinten Augen ins Besprechungszimmer. Wir waren allein. Sie begann gleich wieder zu schluchzen. Sie schilderte mir, dass sie mit ihrer Arbeit trotz aller Überstunden nicht klarkäme. Sie fühle sich derart von langweiligen Meetings überlastet, dass sie wegen der liegenbleibenden Arbeit schon einen Burn-out befürchte. Ich hörte sie länger sehr verlegen an, da fragte sie mich unvermittelt: »Was würde denn der Dueck dazu sagen? Den zitierst du doch immer? Steht etwas dazu in seinen Büchern?« Da antwortete ich spontan, ohne mir sicher zu sein, ob Sie das je wirklich geschrieben haben, Herr Dueck: »Gehe nie in Meetings, von denen du dir nichts versprichst.« Haben Sie das irgendwo geschrieben? Die junge Kollegin schaute zweifelnd drein: »Traue ich mich denn, einfach nicht teilzunehmen?« Ich erwiderte trocken: »Willst du verrückt werden oder sterben?« Da kamen Kollegen in den Raum und wir sprachen nicht mehr weiter.

Das geschah vor gut zwei Monaten.

Heute kam sie strahlend aufgeräumt an meinen Arbeitsplatz. »Ich bin frei! Ich habe Zeit! Es ist alles gut! Ich habe es tatsächlich getan. Was soll ich sagen? Es hat mein Leben gerettet. Bestell es weiter, unbekannterweise. Und das Tollste ist, das glaubst du nicht: Ich werde seitdem beobachtet, an welchen Meetings ich teilnehme. Dann kommen andere Kollegen mit. Und die absolute Pointe: Ich war einmal etwas spät dran und renne auf den Meetingraum zu. Da steht schon der Oberboss, um die Tür zu schließen. Als ich schnell noch durchschlüpfe, sagt er: »Sie! Dass Sie persönlich kommen, fasse ich als Ehre für mich auf. Ich verspreche, dass wir jetzt wirklich etwas Wichtiges beschließen.«

Geschrieben habe ich das wohl nicht, aber ich habe es selbst so gehalten. Und Sie, gehen Sie gleich in ein Meeting? Versprechen Sie sich etwas davon? Nein? Warum gehen Sie hin? Sie wissen doch, dass die ätzende Stunde für die Tonne ist. Sie wissen es!

10.

Manager wie Dackel-Wölfe

Was passiert, wenn alle aus Angst die schlechten Vorschläge des Chefs abnicken? In vielen Unternehmenskulturen ist die Angst berechtigt, in einigen wird direkt von einer »Angstkultur« gesprochen. In dieser benehmen sich Manager nach unten wie Wölfe, nach oben wie Nickdackel. Es ist bekannt, welche Eigenschaften ein Manager haben sollte, aber die frisch Ernannten sind dann doch wieder Klone der Angstkultur, in der so vieles zu Bruch geht. Sie arbeiten leidenschaftlich und kritiklos gehorsam – das wird sehr oft nichts.

Es ist bekannt, welche Eigenschaften ein Leader haben soll, es sind mindestens 72. Die zählt das Buch *The Guru Guide* im ersten Kapitel über Leadership auf. Wollen Sie sich eine vollständige Aufzählung zumuten? Der Leader soll unter anderem geduldig, empathisch, kreativ, visionär, positiv, proaktiv, vertrauenswürdig, integer, ja sogar verletzlich und weise sein, natürlich auch durchsetzungsstark, tough, kämpferisch, entscheidungsfreudig, wagemutig, ehrgeizig, zielorientiert sein und hart arbeiten. Oh, in der Liste fehlt noch »charismatisch«! 73. Noch eins fehlt: skrupellos. 74. »Es darf nur den Einen geben!« 75. Für manche Eigenschaften gibt vielleicht keine gute Kurzbezeichnung: »Keine Scheu, Menschen vor allen anderen in Meetings niederzumachen«.

Ich war selbst einmal in einem Assessment und habe hinterher anhand der liegengelassenen leeren Personaler-Formblätter gesehen, wonach die Leute mich beurteilten. Ich erkannte schon an den Beurteilungspunkten: Ich kann nicht gut harte Anweisungen geben, besonders, wenn ich nicht hinter ihnen stehe. Diese Fähigkeit hätte ich mir manchmal gewünscht oder auch lieber nicht – ohne

Gewissensbisse für einen Moment »Bad Guy« zu sein oder loyal zu einer Entscheidung von oben zu stehen, die ich als »voll daneben« empfinde.

Man kann nicht alle mehr als 75 Eigenschaften gleichzeitig mitbringen, das wird im Guru-Guide auch klar bedauert. Unter den Führungspersönlichkeiten gibt es solche und solche.

Mit diesem Gegenargument muss der aufzählende *Guru Guide* wie jeder Auflistende rechnen; deshalb zitiert er ausführlich den absoluten Managementguru Peter Drucker. Dieser hält die ganze Diskussion um beste Eigenschaften für eine Verschwendung von Zeit, also wieder einmal leidenschaftliches Schuften für die Tonne. Drucker meinte, er habe doch alle Super-Manager *persönlich* kennen gelernt – und die seien ganz anders als die nach der Listen-Weisheit gewünschten. Sie seien insbesondere unglaublich verschieden in ihrer Art.

Das scheinen die Jurys in den Manager-Assessments nicht so hart zu sehen. Sie müssen positive und negative Häkchen in Formularen machen, die ihnen vom Human Resources Department vorgegeben wurden. Die erwünschten »Leadership-Attitudes« werden oft von Beratungsfirmen zusammengekauft, die sie aus den Statistiken derzeit erfolgreicher Firmen herauszulesen behaupten. Das ist im Personalwesen ein Big Business. Denn die Haltungen der Manager müssen ihrem ständigen Wandel zufolge alle paar Jahre umgepolt werden, so der Rat der Berater, die auf diese Art niemals für die Qualität ihrer Formulare einstehen müssen. Das ist eben nach Peter Drucker verschwendete Zeit. Was kommt denn jedes Mal heraus, wenn sich die Formblätter ändern? Eine ungeheure Kommunikationskaskade, wie Manager ab jetzt zu sein haben. Und bei den Assessments siegen dann doch wieder diejenigen Kandidaten, die den richtigen Stallgeruch haben. Das heißt: Sie sind Klone der Jury, die aus älteren und bewährten Ausreichend-Managern besteht, die sich schon halb im Ruhestand befinden und hier im Gegensatz zum Tagesgeschäft meinen, noch etwas beitragen zu können.

> **Besonders ein Ausreichend-Unternehmen produziert unter beliebig zusammengekauften und ausgerollten Karriereprozessen und Beförderungsrichtlinien stets Klone, immer nur Klone.**

Ein großes Unternehmen veranstaltete ein Topmanagermeeting. Ich saß als Berater begleitend dabei. Der Chef wütete über die schlechten Ergebnisse und schlug energisch laut Maßnahmen vor, die er mit herausforderndem Blick zur Diskussion stellte. Keiner meldete sich, ich selbst fand die Vorschläge wenig durchdacht bis hektisch hingeworfen schlecht. Schweigen. Nach einigem Nachbohren raffte sich ein Vice President zu einem halben Lob auf. »Wir sollten das einmal versuchen, ja genau …«

Kaffeepause.

Der Chef verließ für ein Telefonat den Raum, wir schenkten uns Kaffee ein. Einige Vice Presidents kamen auf mich zu und fragten, wie ich die Vorschläge fände. »Schlecht.« Sie bestürmten mich, das nach der Pause deutlich zu sagen. Ich wunderte mich: »Aber Sie sind doch allesamt ranghohe Manager, warum begehren Sie denn nicht selbst auf?« – »Er ist ein Wolf, wenn man ihn kritisiert. Wir trauen uns nicht.« – »Und ihr akzeptiert schlechte Maßnahmen, die noch schlechtere Ergebnisse bringen werden und die Ihre Karrieren – sage ich einmal – nicht besonders fördern?« Sie schwiegen. Einer meinte: »Hier muss man mit dem Leitwolf heulen, am besten noch lauter.« Ich wunderte mich über so viel Angst: »Kann ein Vice President nicht energisch sein? Wie sind Sie denn befördert worden? Sie benehmen sich hier wie Dackel gegenüber dem Wolf, oder? Verzeihung …« – »Aber nur hier, in den Meetings mit meinen eigenen Mitarbeitern nicht. Da sind wir die Wölfe.«

Ich schüttelte den Kopf und entschuldigte mich für einen kurzen Toilettengang.

Ich stand dort schon produktiv an der Wand, als sich der Chef neben mich gesellte. Wir beide waren allein. »Hören Sie, Herr Dueck, ich sehe an Ihrem Gesicht, dass meine Vorschläge nicht gut sind. Das weiß ich, aber ich bin nur für die Führung verantwortlich, ich kann nicht auch noch alle Sachfragen virtuos entscheiden. Da würde ich denken, meine Vice Presidents würden mir mit eigenen Vorschlägen kommen oder mir den Kopf zurechtrücken. Aber sie sind feige, einfach zu feige. Sie sind nicht die von mir gewünschten Impulsgeber, sondern Nickdackel. Verstehen Sie jetzt Ihre Rolle, die Sie gleich einnehmen werden?« – »Ich soll alles aufmischen?« – »Ja, bitte.«

Ein anderes Beispiel, diesmal von IBM. Ich gehörte als einer von dreihundert Mitarbeitern der renommierten IBM Academy for Technology an, wir waren »das technische Gewissen der IBM«, so drückte es unser tief verehrter Schirmherr Nick Donofrio aus, der IBM leider 2009 aus Altersgründen verließ und damit eine schreckliche Lücke hinterließ. Nick schrieb uns jedes Jahr, dass wir uns ein neues Thinkpad bestellen könnten. Das war damals wunderbar, weil sich die Technik noch stark verbesserte. Aber in einem Jahr, als die Ergebnisse nicht so gut schienen, kam keine Mail. Als wir 300 unser Jahresmeeting in den USA hatten, kündigte Nick an, uns kurz zum Frühstück zu treffen, um eine kurze Message abzugeben und ein paar Minuten Feedback zu erbitten. Ich saß an einem Tisch mit acht Super-Heros der IBM, solche wie die, die zum Beispiel die Großrechner designten. Ich fragte, ob sie Nick persönlich kennen würden, ich sei ja aus Europa. »Ja, wir alle.« – »Oh, dann könntet ihr ihm doch sagen, dass er uns eine Mail schicken soll, damit wir einen neuen Computer bestellen können?« Sie schwiegen.

»Hey«, fuhr ich fort, »kann sich bitte jemand aufraffen, mit Nick zu sprechen?« Schweigen. Ich insistierte. Schweigen. Dann kündigte ich an, ihn selbst zu fragen. Da stand ein Fellow vom Tisch auf, stellte sich hinter mich, legte beide Hände auf meine Schultern und verkündete den anderen am Tisch: »Hier ist jemand zum Sterben bereit.« Wir warteten also schweigend auf Nick, dessen Kommen sich mit größerer Begleitung schon geräuschvoll im Flur ankündigte. Ich stand auf, rannte in den Flur, drang durch die Umstehenden und bat Nick um eine kurze »Message«. Er lehnte mit einer Geste ab. Ich rief: »Ten seconds!« Er antwortete: »Ten seconds!«. Ich meinte, es wäre eine gute Message für uns, seine Crew, wenn ihm während seiner Ansprache zufällig einfiele, dass wir neue Computer bekämen. Er reagierte nicht, ich ging zu meinem Sitzplatz zurück und setzte mich wortlos und gespannt wieder hin.

Während seiner Rede flocht Nick plötzlich gekonnt ein, dass alle einen neuen Computer bekommen sollten. Alle applaudierten geziemend kontrolliert, aber an meinem Tisch schwiegen sie und schauten mich an. Ich lebte, aber wie lange noch? Ich weiß nicht, ob mir das geschadet hat. Ich fand es auch nicht mutig oder so, nur »ganz normal«. Vielleicht ist für einen Deutschen normal, was ein Amerikaner als haarsträubend ablehnt? In diesem Moment aber fand ich die absoluten technischen Führungskräfte atemberaubend zurückhaltend. Sie sind doch in jedem technischen Meeting die Obergurus, aber hier? Dackel?

Zu dieser Anekdote passt ein Spruch aus den USA:

»Whatever you decide, boss, I'll prove you right.«
»Was immer du beschließt, Boss, wir arbeiten hart, damit du recht behältst.«

Muss das sein – ein Dackel-Wolf?

Soll der Leader denn nicht integer und authentisch sein? Rhetorische Frage.

In seiner psychologischen Theorie der Transaktionsanalyse unterscheidet Eric Berne das Eltern-Ich, das Erwachsenen-Ich und das Kind-Ich. Das Kind streift während seines Aufwachsens seine Rolle gegenüber den herrschenden/erziehenden Eltern langsam ab und wird zum reifen Erwachsenen. So weit zum Ideal. Im Berufsleben kommt es aber immer wieder zu Situationen (sogenannte »Transaktionen« in dieser Theorie), in denen sich der eine Gesprächspart als Eltern-Ich und der andere als Kind-Ich präsentiert. Besonders gegenüber Chefs benehmen wir uns oft wie ein Kind. »Habe ich alles richtig gemacht, Mama? Lobst du mich jetzt?« Der Chef schlüpft fast automatisch in das Eltern-Ich. »Kind, ich hätte gerne noch mehr Inhalt in den PowerPoints.« Besonders schlimm ist es, wenn Innovatoren um Geld betteln: »Bekomme ich für meine Idee wenigstens ein kleines Funding, Papa?« Antwort: »Das muss ich mir noch gut überlegen, Kind. Kannst du das in deinem Alter schon?« Was wird wohl aus einer Innovation, die aus dem Kind-Ich heraus betrieben wird? »Für die Tonne«, von vorneherein.

Nach meiner langen Erfahrung gehen Manager und Mitarbeiter eher selten wie zwei Erwachsenen-Ichs miteinander um. Sie reden nicht auf »Augenhöhe«, wie es wieder und wieder gefordert wird.

Beobachten Sie sich selbst. Schauen Sie auf Ihre Kommunikation in Ihrer Hierarchie mit den Augen eines Transaktionsanalytikers. Wann benehmen Sie sich selbst wie ein auf brav dressiertes Kind (»Nickdackel«), wann wie ein strenger Elternteil (»Wolf«)? Wann auf Augenhöhe? Wenn Sie Ihre Transaktionen nach der Unternehmenshierarchie richten, arbeiten Sie eben nicht auf »Augenhöhe«. Das ist in einer Angstkultur so gewollt, und es ist dort gefährlich, sich nach oben »erwachsen« zu präsentieren. Aber im Allgemeinen ist es nicht nur die Schuld Ihrer Vorgesetzten, die Sie zwingen, mit Ihnen im Kind-Zustand zu kommunizieren. Augenhöhe im Zustand des Erwachsenen-Ichs ist jedermanns Bringschuld.

Es scheint die Kultur von Ausreichend-Unternehmen zu kennzeichnen, dass sie vor allem über Eltern-Kind-Transaktionen kommuniziert. Für junge Leute, die ein solides und schon reifes Erwachsenen-Ich ausgebildet haben, ist die Kommunikationsrolle des Kind-Ichs solch ein Graus, dass sie dort lieber nicht arbeiten wollen oder bald fliehen, wenn sie irrtümlich dort angefangen haben.

Die richtig guten jungen Leute wollen heutzutage nicht mehr in unfruchtbare Rollen gepresst werden. Wenn ein Unternehmen weiter im alten Stil wirtschaftet, wird es bald leiden ohne Ende.

11.

Auf Probleme mit »Chief Wasweißich Officers« antworten

Im hektischen Tagesgeschäft schenkt sich das Management oft nichts, insbesondere schenkt es vielen wichtigen Dingen kaum Aufmerksamkeit, wenn sie nicht gerade den Quartalsgewinn kurzfristig steigern. Damit dieses Wichtige nicht untergeht, ernennt das Unternehmen jemanden, der darauf aufpassen soll. Da es wichtig ist, muss der Betreffende im Rang möglichst hoch stehen, damit er als Aufpasser respektiert wird. Er darf aber auch nicht zu hoch bezahlt werden, weil das den Neid der wirklich arbeitenden Manager erregen würde. Arbeiten, das heißt in einem Unternehmen: direkt Geld machen, also besonders Mega-Deals an Land ziehen. Welche Gehaltsstufe deutet auf Wichtigkeit? Vice President. Muss wohl sein, obwohl es zu gut bezahlt erscheint.

Da ein Unternehmen im Internet zunehmend in Gefahr geraten kann, wegen angeprangerter Fehler grässliche Shitstorms auf sich zu ziehen, muss stets jemand als Abwehrkrieger bereitstehen. Denn wenn ein Fehler zum Beispiel gegenüber Kunden zugegeben werden muss, fragen die Medien: »Wer ist denn bei Ihnen für Kundenzufriedenheit zuständig, für das Gendern, für Datensicherheit?« Wenn das Unternehmen nun keinen Zuständigen nennen kann, sieht es schlecht aus. Also ernennt es einen Vice President für Kundenzufriedenheit, einen für Data Privacy und so weiter. Ist der nicht wieder zu gut bezahlt? Soll man alle Probleme vipisieren? Immer einen teuren Vice President (sprich ViPi) ernennen?

Neuerdings drückt man sich um die Gehaltsstufe elegant herum, indem man den Aufpasser mit einem CxO-Titel schmückt, also mit einer Abkürzung für den Chief x Officer. Nun heißt der Vice

President für Kundenzufriedenheit Chief Customer Satisfaction Officer, der Glücksbeauftragte nennt sich Chief Happiness Officer – bitte alles in US-Version.

Weil nun ein normales Unternehmen ziemlich viele Probleme hat, setzt es unentwegt CxOs ein, so wie eine unfähige Regierung Feigenblattposten schafft, also zum Beispiel Staatsminister für Internet ohne Etat oder »Ratsvorsitzende« für Seuchenfreiheit ab 2050.

Eine halbwegs vollständige Liste von CiOs (Chief impactless Officers) findet man in der Wikipedia.

Diese Liste umfasst derzeit 57 Positionen. Offensichtlich fehlt noch ein Chief Purpose Officer, damit das Unternehmen immer nach außen auskunftsfähig ist, wozu es eigentlich da ist. Es fehlt auch ein Chief Environmental Officer ...

Wenn es nun Chief Innovation Health Visionary Digital Data Privacy Happiness Learning Sustainabiliy Environmental et cetera Officers gibt, dann gibt es viele Sonderaufgaben, die zu unsinnigen Mehrarbeiten führen. Die Tonnen laufen über. Das möchte ich nun en détail erklären.

Jeder exotische CxO hat zwei Aufgaben: Er muss das Unternehmen intern dafür kritisieren, dass es nicht genug aufpasst, und er muss es extern verteidigen, indem er alles als megasuper darstellt.

Zum Beispiel muss der Chief-Nachhaltigkeits-Officer ständig an dem kurzfristigen Nonsens im Unternehmen herummäkeln, aber auf der anderen Seite den jährlichen Nachhaltigkeitsreport erstellen. Der muss sehr dick glänzen und mit lauter wunderschönen grünen Bildern von positiv gestimmten Menschen bestückt sein – außerdem müssen Beweisgrafiken zeigen, dass alles echt ist.

Was kann ein neu berufener CxO tun? Ein Chief Diversity Officer (ups, fehlt in der Wikipedia auch noch) soll für Diversität im Unternehmen sorgen. Ja, wie denn? Er weiß zunächst gar nicht, wie es um die Diversität steht; er weiß nur, dass sie entweder schlecht ist oder von den Medien als schlecht bemäkelt wurde, sonst wäre er nicht ernannt worden. Er muss sich zuerst einen Überblick verschaffen. Gibt es Daten? Nein! Wenn er im hohen Management nachbohrt, lässt man ihn abtropfen, weil Topmanager für so etwas keine Zeit haben – sonst wäre ja ein Chief Diversity Officer nicht nötig. Er muss daher den üblichen Weg gehen, im Unternehmen Aufmerksamkeit für sein Anliegen (»Visibility«) zu bekommen: Er beantragt einen Präsentations-Slot im Topmanagement-Meeting, um alle diejenigen für sein Vorhaben zu begeistern, die wegen des Quartalsabschlusses keine Zeit haben und die bei allen anderen Ablenkungsversuchen aggressiv sind, also noch aggressiver als beim Profitmachen.

Der CEO (der Chief Executive Officer, der »Oberboss«) hat folgendes Problem: Er möchte das Topmanagement-Meeting dazu nutzen, alle seine Bereichsleiter an den Ohren zu ziehen und das Quartalsergebnis zu verbessern – eigentlich meist »zu retten«, weil das Ziel absichtlich zu hoch angesetzt war. Da er aber gerade wieder zehn CxOs ernennen ließ, muss er diesen wohl oder übel einen Redeplatz auf der Agenda geben.

Da es so viele sind, wird die Redezeit streng auf fünfzehn Minuten begrenzt. Die CiOs (Chief impactless Officers hier als Sammelbegriff) empören sich ohne Erfolg. Am Ende sind sie froh, dass sie überhaupt zu Wort kommen. Fünfzehn Minuten! Es geht los:

Erste Folie: Hallo, ich bin neu hier und daher sehr wichtig für das ganze Unternehmen.

Zweite Folie: Ich habe circa dreißig PowerPoint-Folien erarbeitet, die jeder Abteilungsleiter im Unternehmen in seinem Meeting in zwei Stunden abhandeln soll.

Dritte Folie: Wenn meine Mission Erfolg hat, ist es gut für uns alle, insbesondere für mich, damit ich nicht so lange CiO sein muss und endlich nach oben falle. Ich habe diesen Posten bekommen, weil es einen Beförderungsstau gibt und ich auf Bewährung zwischengeparkt werde, bis höherbezahlte Manager in zentralen Positionen Fehler begehen und aus gesundheitlichen Gründen in den Ruhestand müssen.

Seltenere Alternative, speziell bei einem Chief Digital Officer: »Meine Stärke ist, dass ich erst 18 Jahre alt bin und am meisten von Sneakers verstehe. Ich habe schon sieben Start-ups gegründet, für deren Verluste mein reicher Papa einsteht, und ich möchte der Digitalisierung in dieser Firma den bitter notwendigen enormen Anschub geben. Zusätzlich helfe ich, eine neue Fehlerkultur einzuführen – man muss hier nämlich auch scheitern dürfen. Ich musste von außen eingestellt werden, weil die standardisierte Tarifstruktur dieses Unternehmens für Personen meines hohen Kalibers keine adäquate Bezahlung erlauben würde.«

Die Zuhörer signalisieren nur Ablehnung:

Die Topmanager halten es für inakzeptabel (*inacceptable* ist der US-Code für Sch…), dass jede Abteilung sich zwei Stunden mit jedem CxO-Thema befassen soll. »Uns reichen die 15 Minuten hier vollkommen!« Sie weigern sich, ihre Mitarbeiter mit ablenkendem Ballast zu überhäufen.

Es passiert meist erst einmal nichts.

Der oberste Chef, der CEO, ist natürlich auch einer der Topmanager. Er weiß, was er sich und den anderen zumutet. Er will diesen ganzen CiO-Zirkus nicht, aber er muss das Unternehmen aus der öffentlichen Kritik heraushalten. Daher muss er wenigstens ganz offiziell sehr hart fordern, dass alle Ansinnen der CiOs beachtet werden, aber bitte nur so, dass kein Aufwand entsteht. Man eiert eben herum.

Waschen, ohne nass zu machen, ist das Thema.

Der CEO: »Bitte nehmen Sie zur Kenntnis: Ich habe diese Fülle von CxOs ernannt, weil sie wichtige Aufgaben haben, die unbedingt anstehen. Ich habe diese Aktion im Interesse des gesamten Topmanagement-Kaders betrieben, weil ich Sie durch das Ernennen der CxOs von allen diesen lästigen Nebenarbeiten befreien wollte. Das war Ihr ureigener Wunsch, meine Damen und H…, oh, viele Damen sind gar nicht da, oder? Da zeige ich schon einmal auf Sie, Chief Diversity Officer, so geht es schon los! Es passiert zu wenig. Ich möchte an die Anwesenden appellieren, wenigstens alles zu delegieren, wenn sie sich schon nicht selbst damit befassen wollen. Zum Beispiel befreit Sie das routinierte Hinunterdrücken auf die Abteilungsmeetings von der immensen Verantwortung. Machen Sie die individuelle Kooperation mit jedem CxO zu einem dokumentationspflichtigen Ziel jedes Mitarbeiters. Die Mitarbeiter sehen dann schon zu, wie sie das echte Arbeiten mit ihren vielen Nebenzielen vereinbaren, und wir haben in jedem Fall Schuldige, wenn etwas passiert.«

Runzeln Sie nicht die Stirn: Es geht nicht darum, alles richtig zu machen; man muss aber bei Fehlern in Bezug auf Diversity, Umwelt, Transparenz und so weiter beweisen können, dass ein Prozess eingesetzt wurde, der solche Fehler verhindert. Wenn also trotzdem ein Fehler vorkommt, kann man sich damit glaubhaft entschuldigen, dass der Prozess einen Fehler hatte. Es darf nur nicht sein, dass kein CxO und kein Fehlervermeidungsprozess vorgezeigt werden können. Wenn nun alle Mitarbeiter alle möglichen Vorschriften, Regeln und Verhaltensweisen als persönliche Ziele bekommen, kann eigentlich nichts mehr schiefgehen. Der eigentliche Trick dabei ist, dass man die Einhaltung der verkündeten Regeln einfach nicht nachprüft und niemanden wirklich bestraft, der dagegen verstößt – außer wenn die Öffentlichkeit darauf zeigt. Dann wird ein schuldiger Mitarbeiter gesucht und bestraft, vielleicht sogar entlassen.

Der CEO weiter: »Keine Angst, wir steuern wegen der vielen Regeln nicht auf einen Burn-out zu. Oh, da habe ich vorgegriffen, es steht noch eine Health-Officer-Präsentation auf der Tagesordnung. Ich habe der CHO-Funktion zwei Werkstudenten zugeordnet, weil dort viel Arbeit anfällt – gut, das kostet eine Stange Geld. Also, was wollte ich sagen? Diese Burn-outs ärgern mich ungemein. Wir reden nun schon seit Jahren, dass jeder Manager jeden beliebigen Stress positiv sehen muss, weil dann garantiert nichts passieren kann. Folglich müsste sich ein CHO gar nicht so viel mit Gesundheit befassen. Nur ein bisschen, denn es ist ein rein mentales Problem. Im Ganzen gesehen: Ist es zu viel verlangt, wenn Sie sich mit der Angelegenheit eines jeden CxO eine Stunde im Monat befassen?«

»Chef, gibt es belastbares Datenmaterial, wie viele CxOs wir eigentlich haben? Das möchte ich zu bedenken geben, weil wir schon locker hundert Stunden für den CFO und den Vertriebsvorstand malochen.« – »Chef, wir haben seit über einem Jahr einen Beförderungsstau, weil wir uns geeinigt haben, nur einen gewissen Prozentsatz von Managern gut zu bezahlen, damit wir überhaupt noch Gewinn machen können. Wenn wir so viele CxOs haben, dann müssen wir unsinnig viel mehr arbeiten und versauen so oder so unsere eigene Laufbahn. Ist das so?« – CEO: »Nein, wir bezahlen sie nicht so gut, das ist ein Gerücht! Wir lassen ihnen aber durch die chefig-protzenden Visitenkarten die Hoffnung auf mehr, nicht wahr? Wenigstens haben sie als CxO die Möglichkeit, woanders eine gute Stelle zu bekommen. Ich schaue in die Runde der heute hier anwesenden CxOs. Habe ich das korrekt ausgedrückt? Gut, ich sehe, Sie nicken. Es hat also nichts mit der Karriere im Topmanagement zu tun. Wir vom obersten Führungsteam bitten nur um die angemessene Mitarbeit.« – »Wieso gehören die CxOs zum obersten Führungsteam, wenn sie in der Gehaltshierarchie unter uns stehen?«

Tumult.

Der CEO wird ungeduldig: »Ich kann hier auch härtere Töne anschlagen, ich habe das bisher nur nicht gemacht, weil wir uns verpflichtet haben, nach dem Vorschlag des Chief Mediation Officer für dieses Meeting eine Zeit lang Konflikte offen auszutragen und dann auch zu begraben. Ich selbst habe mich verpflichtet, wegen einer Initiative des Chief Leadership Officers meine Skills im Democratic Leadership Style zu üben. Sie prognostizierte, mir würde es bitter aufstoßen, wenn ich zu viele unsinnige Bemerkungen ruhig anhören müsste. Das merke ich gerade. Traut sich noch jemand eine Wortmeldung? Sie? Wollen Sie etwas Weises als Alterspräsident sagen? Oh, Entschuldigung, das ist mir jetzt rausgerutscht. Es ist noch nicht ganz offiziell: Unser geschätzter Kollege hier wird in Kürze in den Ruhestand gehen, weil er zu wenig verdient. Wir umgehen durch den Ruhestand unser Beförderungslimit, indem wir ihn als gut honorierten Berater weiterbeschäftigen, er bleibt uns also erhalten. Na?«

Der angesprochene ältere Kollege: »Berater fragen nicht immer nur nach dem WAS, sondern auch nach dem WARUM. Warum haben wir so viele CxOs? Meine Antwort ist: Weil es uns in den öffentlichen Medien wohl ansteht. Damit muss es gut sein. Brauchen wir inhaltlich gesehen einen Diversity Officer? Nein. Wir haben es immer geschätzt, wenn wir alle gleich denken und nicht divers. Das wurde als wichtiges Prinzip bei der Laufbahnentwicklung gesehen – eben der spezifische Stallgeruch, der unser Unternehmen ausmacht. Diversity ist also etwas, was wir eigentlich nicht wollen, was aber aus höherer Einsicht – ja, das stimmt – richtiger ist. Gesundheit, Vision, Sinn, Purpose, korrekte Buchführung und natürlich auch die Nachhaltigkeit »beyond quarter« sind aus höherer Warte – aus göttlicher Sicht sozusagen – sehr wichtig. Das wird niemand hier bestreiten. Brauchen wir zum Beispiel einen Chief Greed Officer? Einer, der die Profitgier im Unternehmen anstachelt? Nein, den hat und den braucht kein Unternehmen wie wir. Weil wir Gier von selbst bejahen und genau deshalb nie in Gefahr sind, wegen mangelnder Gier öffentlich getadelt zu werden. Kurz, ich will das Meeting nicht unnötig verlängern: Was wir lieben, tun wir mit Hingabe. Was nötig ist, setzen wir um. Diese Diskussion zeigt aber, dass das, was die speziellen unwichtigen CxOs tun, von uns nicht geliebt wird und nicht umgesetzt werden soll. WARUM haben wir also diese CxOs? Weil es uns in der Öffentlichkeit gut ansteht. Wenn das so ist, sollten diese Schnickschnack-CxOs ausschließlich für die Öffentlichkeit arbeiten und uns die kritischen Medien vom Leib halten. Seien wir bitte konsequent: Keinen Arbeitsdruck nach innen, keine ungeliebte Aktion!«

Der CEO lobt überschwänglich: »Das nenne ich mal einen guten Vorschlag. Ich sehe an dem allseitigen Lächeln, dass Sie Ihre Zustimmung signalisieren. Schön, denn ich übe ja gerade den Democratic Leadership Style. Wir beschließen jetzt, denke ich, dass die schillernden CxOs – ich meine damit nicht den CFO – hallo, schauen Sie nicht so böse, Herr Doktor! Stimmt was nicht? Warum lachen Sie alle? Er ist auch normal so? Leute, bitte kein Grim-Shaming mit Geizprofi-Zwischenrufen oder so, das verbitte ich mir. Was wollte ich sagen? Sie haben etwas zu ergänzen?«

»Ja, ich habe in einem Buch von einer Firma gelesen, die an sich fähige Leute, die sie aber nicht mehr braucht, als Chief Competitor Officer beschäftigt. Die haben die Aufgabe, irre viele Markt- und

Unternehmensstudien durchzuführen und die Wettbewerber mit immer neuen Fragen zu infiltrieren. Verstehen Sie diese geniale Idee? Wir ernennen hier etliche Fulltime-Chiefs, die die bösartige Rolle der Medien einnehmen und durch die Hintertür von Studien unangenehme Fragen an unsere Wettbewerber stellen. Wie viele Patente und Frauen haben Sie? Kennt die Geschäftsführung jeden Kindergarten im Unternehmen? So etwas! Oder wir fragen etwas ganz Irreales: Stellen Sie Mitarbeitern, die das wollen, kostenfrei Rescue-Tropfen zur Verfügung? Wir bringen dadurch unsere Wettbewerber in eine Bredouille, auf so einen Mist antworten zu müssen. Dadurch schaden die Chief Competitor Officers nicht dem eigenen Unternehmen, sondern den Wettbewerbern. Noch eine Idee: Unsere CCOs könnten fragen, ob unsere Wettbewerber einen Chief Corruption Officer haben, und es den Medien stecken, wenn sie nicht antworten!«

Geraune im Meeting.

Der CEO bleibt in der Rolle des Claqueurs bis zum Schluss: »Geniale Idee, aber Korruption ... bitte lassen Sie uns das nicht zu doll treiben. Leben und leben lassen. Oh, die Uhr ist unerbittlich, die Meeting-Zeit ist um. Wir verschieben alle wichtigen Punkte auf das nächste Meeting.« – »Chef, so geht das nicht, es ist ja ganz gut, die neue Organisation zu verdauen, aber wir müssen jetzt am Jahresanfang schnellstmöglich die Umsatzziele festlegen, damit wir endlich anfangen können zu arbeiten!« – »Doppelt so schnell wie der Markt wachsen! So halten wir es doch immer! Sonst gibt es peinliche Fragen aus den Medien.«

12.

Das Elend der Präsentationen

In einem Ausreichend-Unternehmen sind Meetings langweilig und schon allein deshalb Zeitverschwendung. Solche Meetings zerren an den Nerven der Leistungsträger, die sich um wertvolle Qualitätsarbeitszeit gebracht fühlen. Dagegen finden Ausreichend-Mitarbeiter Abwechslungen zwischen ihren Routinearbeiten ganz angenehm und sind eher froh, wenn sie in der Einöde immer gleichen Tuns eine Meetingpause einlegen dürfen.

Wenn Leute in einem Meeting ihre Zeit totschlagen, indem sie sich über irgendwelchen Kleinkram streiten, dann sprechen wir von einem »unergiebigen Meeting«. Es gibt andererseits Meetings, in denen um eine Lösung für ein Problem gerungen wird. Das verbietet aber die Kultur eines Ausreichend-Unternehmens. Je schlechter ein Unternehmen arbeitet, umso weniger darf ehrlich um Lösungen gerungen werden. Denn die tatsächlich gewählten Lösungsvorschläge sind in der Regel nur »ausreichend« und können schon deshalb herb kritisiert werden. Auch in einem Ausreichend-Unternehmen gibt es leider so manche hellen Köpfe. Nicht auszudenken, welches Chaos entsteht, wenn die nun alles bekritteln würden und dazu noch recht hätten! Klare Gedanken von Einser-Mitarbeitern müssten stets von einem Ausreichend-Manager in peinlicher Weise abgewürgt werden.

Deshalb ist es Usus geworden, nie mehr ergebnisoffene Diskussionen in Meetings zuzulassen, die jede Zeitplanung durcheinanderbringen könnten. Die Meetings sind klar im Stunden- und Halbstunden-Rhythmus getaktet. Sie beginnen mit einem kurzen Überleitungsstatement zu einer Präsentation, die sich meist über das ganze Zeitfenster hinzieht und mit Empfehlungen endet, was zu tun sei. Diese sind vorher mit dem Management abgestimmt worden. In der Verwaltung sagt man: »Wir kommen mit einer Beschlussvorlage in die Sitzung.« Diese soll natürlich nur noch abgenickt werden.

Diese Zeremonien haben sich so sehr eingebürgert, dass ich von einer faktischen Präsentationspflicht sprechen möchte. Weil die Präsentationen dann fast die komplette Zeit füllen, ist es nicht notwendig, sich auf ein Meeting vorzubereiten. Es wird von den Teilnehmern gar nichts verlangt, sie müssen nur scharf aufpassen, am Ende der Präsentation nicht noch Anschlussarbeiten einzufangen, zum Beispiel die nächste Präsentation zu halten.

Ehrgeizige Mitarbeiter stellen sich gerne freiwillig für Präsentationen zur Verfügung, damit sie für ein paar Minuten Helden des Augenblicks spielen können. Sie gewinnen »Visibility« (Sichtbarkeit) beim PowerPoint-Frontalunterricht. Visibility ist heute die wichtigste Messgröße für Karrierechancen. »Man hat mich gesehen – ich bin bekannt! Ich muss schon deshalb gut sein, weil ich für den Vortrag ausgewählt wurde!«

Dabei ist die Dauer der Präsentation (»Airtime«) genauso wichtig. Zehn Minuten Airtime sind ärgerlich wenig und bedeuten keinen Ruhmzuwachs, eine volle Stunde gilt als Auszeichnung.

Wenn ein Mitarbeiter »weiterentwickelt« werden soll, wird ihm durch eine Präsentation eine ideale Chance eingeräumt. Der Chef: »Sie haben gut gearbeitet. Da sollten wir an Ihrem Fortkommen arbeiten. Ich lasse Sie einmal bei einem größeren Meeting auf die Agenda setzen.« Dann geht es in der Präsentation aber mehr um eine Gala-Show, nicht um eine konkrete Sachfrage oder einen wichtigen Beitrag.

Insbesondere technische Topleute denken, dass sie endlich für eine Sache (»ihre« Sache, »ihr Baby«) oder ein ihnen wichtiges Thema vortragen dürfen. Da glänzen sie mit Fachkunde, aber niemand interessiert sich für Technik. »Man konnte Sie nicht verstehen; zu kompliziert. Warum machen Sie das? Mit diesem Vortrag haben Sie sich keinen Gefallen getan, das werden Sie noch merken.« Wie in der Politik: Man beurteilt den Redner als Person und findet die Sachfragen zweitrangig. Daher die Aufgeregtheit: »Ich habe eine ultrawichtige Präsentation, die muss klappen – es hängt so viel von ihr ab. Ich werde sicher eine Woche lang daran feilen.«

Der Präsentierende präsentiert in jedem Fall nicht nur ein Thema, sondern vor allem sich selbst. Da das so ist, verschwendet er entsetzlich viel Zeit auf das Erstellen von Super-Folien (man spricht alternativ von Charts, Slides, PowerPoints, von einem Chart Deck et cetera).

Wie viel Zeit investiert man? Einen Arbeitstag für 30 Minuten Vortrag? Mehr? Weniger?

Im Internet kursiert ein Umfrageergebnis des Marktforschungsinstitutes INNOFACT, das in einer i-pointing-Studie vorgestellt wurde. Ergebnis: Der durchschnittliche Zeitaufwand der Befragten beträgt 2,20 Stunden. Leider steht da nicht, was in diesen 2,20 Stunden getan wird. Ist es die Zeit, die man am Bildschirm mit der Präsentationssoftware verbringt? Ich fürchte, das wird so eng beantwortet worden sein. Aber man sammelt doch Zahlen und Infos, überlegt sich seine Vorschläge, stimmt Aussagen mit Kollegen ab, bespricht die Aussagen mit dem Chef. Wer zum Kunden geht, nimmt dazu eher öfter die gleiche Präsentation der Produkte oder der angebotenen Leistungen mit, aber er muss sich doch auf seinen speziellen Kunden vorbereiten, damit er Argumente bei Fragen hat. Der Präsentierende muss oft anreisen oder schon einige Zeit vorher am Meeting teilnehmen (das halte ich für mich so, um ein Gefühl für Auditorium und Atmosphäre zu bekommen). Man lädt ohnehin den Vortragenden für das ganze Meeting ein, nicht nur für seinen konkreten Slot von 30 Minuten.

Wie viel Zeit kostet ein Vortrag mit allem Drum und Dran? Brutto, meine ich! Wenn netto die 2,20 Stunden sind? Ich fürchte, es kommt eher ein voller Arbeitstag heraus! Okay, sagen wir fünf Stunden. Das lässt sich leichter vorrechnen. Wenn in dem Meeting zehn Zuhörer sitzen, kämen auf die fünf Stunden Aufwand zehn

Zuhörer-Halbstunden. In diesem Rechenbeispiel wird also so viel Vorbereitungszeit verbraucht wie die Anwesenheit aller Zuhörer zusammen. Ich folgere: Zu der Zeit, die alle in Meetings sitzen, kommt noch einmal so viel an Vorbereitungsaufwand dazu.

Das ist das Elend.

Sieht Ihre persönliche Präsentation so gut aus wie die offizielle Präsentation Ihres Unternehmens? Hält sie einen Vergleich aus?

Die hochoffiziellen Unternehmenshochglanzpräsentationen werden in langen Meetings abgestimmt. Über das neue Logo und die Farbskala müssen Berater entscheiden, danach erstellen Design-Studios Entwürfe. Prunkvolle Werkfotos werden am besten per Drohne aufgenommen. Ungewöhnlich und schön muss es werden, ungewöhnlich stilvoll eben. Sündhaft teure Starfotografen belichten Vorstandsmitglieder markant vor einem Hintergrund, der Nachhaltigkeit und Diversity ausstrahlt. Es muss neuerdings grün hinter ihren Ohren aussehen.

Diese Präsentation muss jedes Mal neu erstellt werden, wenn Rollen neu verteilt werden (wenn Vorstand, Hauptberater, das Design-Studio, der Marketing-Chef oder die Kommunikationsmanagerin wechseln). Denn alle Neuen wollen ihren Stempel aufdrücken. Es geht um Visibility. Aufwand? Egal. Kosten? Egal. Prüft der Controller, ob sich das rechnet? Nie.

Die Unternehmenspräsentation hat den Anspruch, dass sie auch die Mitarbeiter auf Kongressen und bei Kunden verwenden, damit das Unternehmen »mit einer Stimme« auftritt. Diesen Anspruch erfüllt sie nicht, weil die Stammkunden absolut keine Werkfotos sehen möchten, überhaupt auch keine Angeberei. Sie hat aber die wichtige Aufgabe, den Vorstandsvorsitzenden davor zu schützen, zu viel Substanzielles in seiner Rede von sich geben zu müssen. Dies ließe sich leicht durch eine Verkürzung seiner Redezeit bewerkstelligen, aber ein Chef sollte wegen der Etikette lieber recht lang reden. Damit er das gefahrlos kann und den Medien keine Angriffsfläche bietet, beginnt die Unternehmenspräsentation mit der langatmigen Vorstellung des Unternehmens, einigen Umsatzzahlen und ansehnlich ansteigenden Kurven. Danach beeindruckt sie auf Landkarten mit der Anzahl der weltweiten Zweigstellen, auf Zeitachsen mit den

Erfolgen in seiner langen Geschichte und mit der emotional wertvollen Erklärung des neu erfundenen Purpose des Unternehmens. Schließlich geht man auf die öffentliche Mission des Unternehmens ein, die von Nachhaltigkeit geprägt ist und für eine bessere Welt einsteht. Das zieht sich hin, wenn es routiniert erledigt wird und lässt nur noch wenige Minuten für eine spontane Äußerung am Ende des Vortrags.

Geziemender Beifall für dieses Ritual. Überstanden.

Dieser exzessive Aufwand für wenig Ertrag setzt leider Maßstäbe. Seit so eifrig präsentiert wird, müssen die PowerPoints Jahr für Jahr schöner aussehen. Die verwendeten Fotos sollten heute höher auflösen und ab und zu einen emotionalen Überraschungstupfer bieten. Die übliche nette Mitarbeiterin vor einem Computer neben einer kleinen Infotabelle ist als Fotomotiv verbraucht. Kurz: Der Anspruch an das Design der Gedankenführung in Präsentationen wächst ständig, während die Gedanken an sich mit der Zeit zurücktreten können.

Diesen Design-Ansprüchen müssen wir uns nun alle stellen. Die Karrieristen, die mit ihren Visibility-Slots Punkte sammeln wollen, preschen vor und lassen eine normale Präsentation vollkommen alt aussehen. Wer normal vorträgt, hat sich einfach kaum Mühe gegeben. Dann hören wir auch nicht zu.

Zeitverschwendung ist nun Pflicht!

Manchmal leide ich persönlich – na, nur ein bisschen. Die Veranstalter der Events, bei denen ich vortrage, bitten regelmäßig um das Feedback der Zuhörer. Ich bekomme Noten nach verschiedenen Kriterien: Wert des Inhalts? Expertise des Sprechers? Vortragsstil? Und dazu leider noch: »Verwendbarkeit der Folien« (für das vorgestellte sorgfältige Abheften daheim – auf Papier). Der Veranstalter legt Wert darauf, dass die Zuhörer für das horrende Tagungsgeld etwas mitnehmen: Kulis, Pfefferminzdrops, USB-Sticks und PowerPoints. Das bedeutet: Noch mehr Aufwand. Für nichts.

Schlechte Vortragende: Dieses Thema kennen Sie selbst. Da beten manche Redner lange Auswendigtexte wie eine klassische Bühnenarie herunter, andere lesen ihre PowerPoints ermüdend vor – dabei wenden sie dem Publikum konsequent den Rücken zu. Manche Redner würden wir im normalen Leben nicht wiedererkennen, weil wir während des Vortrags ihr Gesicht nicht sehen konnten.

Viele Eventfirmen schicken mir im Vorfeld Merkzettel, wie gute Präsentationsfolien und Präsentationen aussehen sollten: einfach, fast minimalistisch, visualisiert, höchstens fünf Bullets pro Seite, nur Wichtiges, zugewandt, guter Schlusspunkt und vor allem durchgängig authentisch!

Ich habe einmal so dahingeworfen: »Wenn man pro Event-Tag einen einzigen inspirierenden Vortrag hören darf, hat sich die Reise gelohnt.« Ich bekam zurück: »Pfui, bist du negativ.« Meine damaligen Kritiker sind heute selbst im Tagungsalter – in entsprechenden Berufen. Jetzt klagen sie. »Es ist unverständlich. Besonders die Marketingleute sitzen doch wochenlang an den Folien, warum steht da farbenprächtiger Unsinn? Warum tragen sie so langweilig und fast nervtötend vor? Es ist reine Zeitverschwendung, ihnen zuzuhören, aber da sitzt du nun einmal auf dieser Tagung fest.«

Einmal platzte mir der Kragen. Ich regte mich über einen Vice President aus dem europäischen Stab auf, der mir persönlich nie durch große Leistungen aufgefallen war. Er forderte in wichtigen Sitzungen wieder und wieder, die Berichtsfolien an die Unternehmensführung in den USA erheblich zu verschlimmbessern. Seine Einlassungen wurden leider unisono berücksichtigt! Ich ärgerte mich schwarz. Einige Tage später wütete ich vor einem sehr hochrangigen Manager in Kurzform so: »Der kann doch nichts, nützt nichts, stört nur, versaut es – werfen Sie ihn raus, mindestens aus den Meetings!« Die Antwort: »Sie verkennen seine wertvolle Begabung, Sir.« – »Die wäre?« – »Er hat längere Zeit im US-Stab gearbeitet und hat in entsetzlich vielen Meetings gesessen. Er weiß als einziger hier, was auf den Folien draufstehen muss, damit sie in den USA einfach nickend durchgewunken werden.«

Das klingelte in meinen Ohren, ich leistete Abbitte. Ich merkte auch, warum meine Folien aus meiner Sicht viel besser gewesen wären, aber von der Unternehmenskultur nicht angenommen würden. Ich hatte entsetzlich viel für die Tonne gearbeitet. Ohne die üblichen Floskeln und Buzzwords schien es nicht zu gehen. Was mich selbst so nervte, war in Wahrheit notwendig.

Später erreichte mich ein ähnlicher Problemfall. Ich verstand sofort.

Der unbekannte Geheimcode für erfolgreiche Präsentationen

Die IBM hatte in den USA einen Topexperten von einer anderen Firma abgeworben. Ihm war eine glänzende Laufbahn in Aussicht gestellt worden. Er lieferte! Alles top, jeder hochzufrieden. Aber seine Beförderung wurde unverständlicherweise abgelehnt. Ich glaube, sogar zwei, drei Mal. Da ich damals schon mehrere Bücher über Management geschrieben hatte, schickte man mir diesen Fall aus den USA mit der Bitte um meine Meinung und um meinen Rat. Für die Beförderung zum »Distinguished Engineer« muss man viele Unterlagen einreichen, die die eigenen Leistungen konkret belegen. Diese Unterlagen bekam ich zugesandt. Ich las sie durch. Der helle Wahnsinn! Ich fühlte mich ganz klein neben ihm, dabei war ich selbst schon ein Distinguished Engineer. Ich las zweimal, dreimal. Dabei fielen mir einige fast drollige Formulierungen auf. Etwa so:

»Wir hatten beim Big-Data-Crunching zu wenig CPU. Da habe ich die Kollegen vom Vertrieb angerufen, sie sollen ein paar neue Großrechnerkisten reinschieben, damit wir weiterarbeiten können. Den Vertrag machen wir irgendwann zwischendurch. Der Kunde soll nicht warten. Das Projekt war schnell sehr erfolgreich.«

Wer in der IT-Branche arbeitet, weiß sehr gut, wie schwer es ist, Großrechner zu verkaufen. Es dauert Monate und braucht dicke Unterlagen und Business-Cases. Und da kommt dieser Champion! Er hat so viel Kundenvertrauen und Standing als Professional, dass er dem Kunden einfach so Hardware im Millionenwert »reinschieben« kann! Da bin ich vor Bewunderung auf die Knie gefallen. Wow!

Aber warum wurde er nicht befördert? Da fiel mir auf, dass der Ausdrucksstil nicht der von IBM war. Niemand bei uns würde so ein Wort wie »reinschieben« auch nur denken, schon gar nicht schreiben. Jeder bei IBM würde die genauen Zahlen der mitverkauften Rechner angeben und ausrechnen, wie wertvoll allein dieser Nebeneffekt des eigenen Beitrags war. Jeder würde herausstellen, dass er damit irre hohe »Vertriebsskills« dokumentiert hätte. Et cetera. Ich schaute in die Unterlagen: Wo hatte er vorher gearbeitet? Aha. In einer praktisch-hemdsärmlichen Company, wo es mehr Klartext als Bullets gab. Ich erinnerte mich an die vorstehende Anekdote: Er wusste nicht, wie sein Text geschrieben sein muss, damit man seine Beförderung schlicht durchwinkt. Ich rief ihn in den USA daheim an und erklärte ihm genau das. Ich begann, ihm eine ganze Vorlesung in Unternehmenskulturen zu halten, da stoppte er mich schon nach einigen Sekunden. »Ich verstehe es vollkommen. Ich hatte diesen Aspekt nie auf dem Schirm. Ich weiß sehr genau, wie Folien in meinen Ex-Unternehmen aussehen müssen, damit ich befördert werde. Ich habe nicht berücksichtigt, dass es von Unternehmen zu Unternehmen unterschiedlich ist. Danke.« Einige Wochen später wurde er befördert.

Die Kommunikation mit dem Kunden ist ebenfalls immer eine Kommunikation aus einer Kultur in die andere. In den Präsentationen reden verschiedene Firmenvertreter oft glatt aneinander vorbei – und zwar meistens, ohne es zu merken oder hinterher zu verstehen. »Warum ist das heute nur so atmosphärisch schlecht gelaufen?«, fragt man sich auf der Rückfahrt. »Der ganze Stress war umsonst.« Es ist eben wichtig zu wissen, welche Art von Präsentationen im Kundenunternehmen »durchgewunken werden«. Daher haben fremdkulturerfahrene Vertriebsbeauftragte so viel mehr Erfolg. Wer den jeweiligen Code nicht kennt, betreibt unter Umständen unfassbare Anstrengungen für nichts.

Mathematiker lieben Formeln auf Folien, da sie sich damit sicher fühlen. IT-Experten kommen mit prunkvollen Diagrammen, deren höchste Komplexität den wahren Meister ausweist. Vertriebsbeauftragte lieben Bilder von Händen verschiedener Hautfarbe, die sich zum Vertragsabschluss schütteln, oder bunt-ringige Zielscheiben mit einem mittenrein treffenden Pfeil (»Bingo, unser Produkt passt treffgenau!«). Controller lieben Tabellen, Managerhirne können nur in Bullets denken, die grafisch nicht als Standardpunkte, sondern besser als Abhak-Häkchen gewählt werden. Vorstände reden oft ohne Folien nach einem dröhnenden Video-Intro, in dem erfolgreich-sympathische Menschen die Produkte des Unternehmens strahlend begleiten; dabei sausen sie durch den Weltraum oder eine Wüste und lächeln einer schönen Frau zu, die gerade Zeit hat.

Ich möchte damit andeuten, dass die verschiedenen Subkulturen (IT, Maschinenbau, Vertrieb, Marketing, Management, Controlling) ihre ganz andersartigen PowerPoint-Subkulturen pflegen, die sich zusätzlich von Unternehmen zu Unternehmen schwach unterschiedlich darstellen.

Stimmt der Stallgeruch der Präsentationsfolien?

Den Präsentierenden ist ihre eigene charakteristische Festlegung auf ihre Subkultur meistens nicht klar und daher nicht bewusst. Wer zum Beispiel bei einem IT-Team mit voll getroffenen Zielscheiben oder Rohgewinn-Tabellen aufkreuzt, hat sofort verloren. Der falsche Stallgeruch wird abgelehnt, so wie man Menschen, die nicht ins Schema passen, sofort unsympathisch findet.

Falscher Stallgeruch schmeckt wie »Thema verfehlt! Sechs, setzen!« Alle Vorarbeit wandert in Millisekunden in die Tonne. IT-Folien vor Managern? In die Tonne. Marketing-Folien vor Experten? In die Tonne. Tabellen vor Ingenieuren? In die Tonne. Und die, deren Arbeit für die Tonne ist, merken es nicht, weil in ihren eigenen Subkulturen die Folien immer genau richtig sind.

Da nun aber die Folien im Vertrieb oder im Management immer gleich aussehen, sind sie in verschiedenen Umfeldern ohnehin mit größerer Wahrscheinlichkeit ein Flop! Schade um die schöne Arbeit!

Präsentationen sind ein Zeit- und Aufwandfresser mit einem zu geringen Ertrag. Das weiß jeder. Jeder! Ich könnte fragen ... aber nein: Keine Sinnfragen, bitte.

13.

Leuchtturmprojekte – wir sind schon am Anfang!

In Unternehmen gibt es so viele Ideen! Sie werden aber fast nie richtig umgesetzt – irgendwie versandet alles. Man versucht es aber immer wieder, immer neu. Der Einwand, dass es noch nie geklappt hat, zieht bei jungen Managern nicht. Sie lächeln über die alten Köppe, die es damals wohl vermasselt haben müssen. Die Jungen versuchen es jetzt einmal ohne Krawatte. Ich selbst bin nun ein alter Kopp und habe viele Runden solch vergeblichen Tuns erlebt. Ich gehöre zu den Resignierten, die die unglaublich naive Verschwendung mit »neuer Wein in alten Schläuchen« kommentieren. Ich erkläre es hier an periodisch auftretenden »Leuchtturmprojekten«, die nie über den ersten Prototyp hinauskommen, weil der Wille des Unternehmens fehlt, etwas daraus zu machen.

Niemand will mit allen Fasern an Neuem arbeiten, aber der Anfang sieht schön aus.

Leuchtturmprojekte machen sich gut in der Presse. Sie sind eine andere intelligente Alternative zu »Wenn du mal nicht weiterweißt, gründe einen Arbeitskreis« und auch zu »Ernennen wir einen Chief Wasweißich Officer«. Leuchtturmprojekte werden heute in moderner Diktion als Teil des »Nudging« angesehen. Unter dem Begriff des Nudging werden Versuche zusammengefasst, mit billigen kleinen Eingriffen andere Lust verspüren zu lassen, endlich die echte Arbeit zu erledigen.

Wenn ein Unternehmen sich einen hohen Umsatz mit neuen Produkten oder Dienstleistungen erhofft, dann muss es diese mit hoher Effizienz herstellen können. Aus einer Idee heraus wird ein Prototyp erstellt, der sehr viel später in Serienfertigung zu günstigen Produktionskosten hergestellt werden kann. In der Presse erfahren wir zum Beispiel vom 3-D-Drucken von Häusern oder von ausgedruckten T-Bone-Steaks wahlweise mit Gamsbockgeschmack et cetera. Wir fragen: »Kann man das schon kaufen? Wie viel kostet es?« Antwort: »Man kann es hier schon einmal anschauen, das ist der erste Schritt.« Und dann kommt der entlarvende Satz: »Natürlich sind wir erst am Anfang.«

Das Anfangen muss sein, dagegen ist nichts zu sagen. Hier möchte ich auf die irre Verschwendung aufmerksam machen, wenn man mit notorischem Nur-Anfangen Ressourcen vergeudet und Leichtgläubige in der Vorstellung einlullt, jetzt seien nur noch ein paar kleine Schritte zur Vollendung oder zur kompletten Marktreife nötig.

Elon Musk hat in einem Gespräch mit Kara Swisher (laut einem Artikel von Eva Fox*) darauf hingewiesen, dass jedes Jahr Zehntausende Ideen/Prototypen entstehen, dass sich aber so ziemlich alles auf dem Weg zur Serienfertigung totläuft – meist an der nächsten Ecke, möchte ich selbst hinzufügen. Elon Musk erklärt im Gespräch, dass die Kosten einer Volumenfertigung 10- bis 100-mal höher sind als die Herstellung einer einzelnen Kopie eines Prototyps.

Eine andere Stimme: Der deutsche Top-IT-Unternehmer August Wilhelm Scheer baute sein Unternehmen IDS Scheer auch mit vielen Prototypen aus dem universitären Bereich auf. Er erkundigte sich auf Heller und Pfennig, wie viel das Projekt bis zum Prototyp gekostet hatte. Er multiplizierte diese Zahl mit 10 und überlegte dann, ob sich mit diesen 10-fachen Kostenrahmen die Marktreife erzielen ließe.

Und dabei ist nur von Geld die Rede gewesen, nicht von den Problemen, auf die jeder auf dem Weg zu einer Volumenfertigung trifft.

---

* Quelle: https://www.tesmanian.com/blogs/tesmanian-blog/swishers-interview-elon-musk-thinks-mass-production-of-battery-cells-is-the-key-to-accelerate-the-world-to-a-sustainable-energy

Was ich hier mit »Verschwendung brandmarke«, ist das fast einhellig geduldete Scheitern aller Projekte, die nur einmal etwas »studieren« oder »vorzeigen sollen«, ohne überhaupt an Massenfertigung zu denken! Ein selbst erlebtes Beispiel: Es wurde ein Prototyp einer »besten Batterie der Welt« mit ganz neuer Herstellungstechnologie gezeigt. Dieser wurde in einem Meeting einem der großen Automobilzulieferer vorgestellt und angepriesen. Nach drei Minuten Nachfragen mussten die Erfinder einräumen, dass der Herstellungsprozess äußerst giftig und umweltschädlich sein würde – aber das Endprodukt würde top sein! Alle schauten sich im Meeting an: »Dann geht es eben nicht.« Da erwiderte der Erfinder: »Aber wir haben damit unsere Kompetenz unter Beweis gestellt.« – »Ja, und?« – »Wir möchten mit Ihnen kooperieren.« Man war noch ein paar Minuten höflich und trennte sich sittsam. Dieser Erfinder war nur stolz auf seine Idee, hatte aber keinen Funken Verstand auf die Volumenfertigung verwendet. Seine Ich-Botschaft: »Mein Unternehmen ist großartig. Ich bin großartig.«

Ein Unternehmen, das etwas auf sich hält, muss Kunden, Gästen und besuchenden Politikern etwas zu zeigen haben. Da bietet es sich an, in prachtvoll ausgestatteten Räumen die stolzen Leuchtturmprojekte auszustellen und begeistertes Feedback der Besucher zu protokollieren, das zum Nachweis der Existenzberechtigung dient. Überall gibt es so etwas: Sie heißen wohlklingend Center of Excellence, Unternehmensinkubator, Start-up Accelerator, Innovation-Hub, Creation Space oder Idea Lounge, die Möbel sind stylish futuristisch und bunt; es gibt Hängematten und Billardtische – Sneaker-Zwang. Das kam so: »Unser Vorstand hat das Silicon Valley besucht und war überrascht, wie es bei Google aussieht. Wir haben uns hinterher Gedanken gemacht, warum Google so erfolgreich agiert. Was hat Google, und was davon haben wir nicht? Eklatant war: Wir haben keine Hängematten zum Nachdenken in der Eingangshalle. Außerdem scheinen die Mitarbeiter exorbitant viele Überstunden zu machen. Das führen wir bei uns auch ein. Die Überstunden können wir gleich so übernehmen, die Hängematten sollten aber nicht sinnwidrig benutzt werden, also etwa zur Erholung. Sie sind schließlich für die Kreativität da. Was kostet so ein Umbau der Eingangshalle?«

Wenn ein solches Leuchtturmprojekt-Showroom-Zentrum errichtet wird, muss es im Unternehmen als Investition genehmigt werden. Das ist kinderleicht, wenn man begründen kann, dass die Leuchtturmprojekte »fast sicher« in Produktinnovationen des Unternehmens Eingang finden und den Profit unermesslich steigern werden. Mit großem Pomp und am besten mit Staatsförderung weiht man das neue Zentrum zeitlich vor Landtagswahlen ein und bekommt pressewirksam lobende Worte von der Landesregierung.

Damit die Arbeit beginnen kann, werden flippige Mitarbeiter, die gute Ideen haben, in das Zentrum versetzt. Wirklich gute Mitarbeiter sendet man lieber nicht aus, weil diese in wichtigen Projekten arbeiten und niemals abkömmlich sind. Dann wartet man auf Ergebnisse, nach denen man alle paar Monate fragt. Die Antwort ist: »Wir sind schon am Anfang.«

Drei Jahre später: Es hat außer Kundenbesuchen und einigen Presseberichten nichts gebracht. Es gab einige großartige Prototypen, die aber bis zu Serienfertigung – so war zu hören – 10-mal so viel kosten würden wie die Arbeitsgruppe bisher in drei Jahren. »No way! Die wollen 30 Millionen zum Weitermachen, ohne dass bisher etwas anderes herauskam als ein Prototyp!« – Vice President Finanz: »Chef, ich habe eine Frage dazu: Ist denn überhaupt schon einmal etwas Zählbares herausgekommen?« VP Marketing: »Ja schon. Wir haben oft Presseleute dahin einladen können. Die schreiben viel besser über uns, weil sie die Hängematten sehen und besonders goutieren, dass in der Kantine ein Sternekoch engagiert ist. Sie glauben dann, wir sind so gut wie Google.« – VP Finanz: »Die Hängematten machen uns aber doch nicht besser!« Kurzes Schweigen. General Manager Produktion: »Eine Verständnisfrage: Wer bezahlt das alles? Und wer bekommt die Profite, wenn es welche geben sollte?« – »Die Geschäftsleitung.« – »Und woher nimmt diese das Geld?« – »Wir legen die Kosten auf alle Bereiche proportional um.« – GM Produktion: »Ich zahle also dafür? Wie viel Prozent? Zur Erinnerung: Ich werde gerade wegen meiner schlechten Quartalszahlen geprügelt. Und ich erfahre, dass unten in den Hängematten die besten Ideen verschlafen werden und die ganze Produktionsleistung meiner hart arbeitenden Leute einfach so verfrühstückt wird?«

Es bricht ein Streit in der Geschäftsführung aus. Alle Bereiche außer dem Marketing finden das einst so gefeierte Zentrum überflüssig. Das Marketing soll das Zentrum allein bezahlen. GM Produktion: »Wer bezahlt eigentlich das Marketing? Die machen doch Verlust!« Alle schauen sich wissend an.

Das Zentrum wird geschlossen, um Geld zu sparen. Niemand weint ihm eine Träne nach, denn alles war ja erst am Anfang. Die Hängematten bleiben für Besucher.

Vier Jahre nach der Schließung stellt das Unternehmen fest, dass es zu wenig Innovationen hervorbringt. Das empfindet das Unternehmen selbst nicht so, aber die Presse mault, und wenig später diagnostizieren es auch objektiv bezahlte Berater. Die Berater zeigen Statistiken, nach denen eine überwältigende Mehrheit der profitträchtigsten Weltunternehmen »Design Thinking Centers« und »Turn-Agile-Tiger-Teams« für den eigenen Erfolg verantwortlich sieht. Das haben Studien eines Design-Thinking-Center-Anbieters gezeigt, der als Partner der Berater schlüsselfertige Lounges anbietet.

Vier Jahre nach der Schließung des Showrooms ist eine neue Manager-Generation nachgewachsen. Sie haben sich bisher nicht um Innovationen gekümmert. Die negativen Presseberichte machen sie betroffen. Was tun? »Wir errichten auch so ein Center wie die erfolgreichen Unternehmen! Wer macht das von uns? Wir haben keine Zeit dafür und Geld schon gar nicht.« – »Oh, da zeige ich einmal auf unseren Chief Mindset Officer, ist der hier?« – »Nein.« – »Gott sei Dank! Ich meine, man hat uns diesen jungen Menschen in den Pelz gesetzt, der uns das Hirn umdrehen soll. Wir geben bei ihm so ein Center in Auftrag und versprechen, dass wir dann anders über das Neue denken.« – »Hm, der bringt das nicht, ich mag ihn auch nicht.« – »Aber er hat einen Etat bekommen!« – »Das stimmt. Trumpf-As sticht.«

Jedem neuen Anfang wohnt ein Zauber inne ... Dieser Zauber lässt immer neue Ideen aufkommen! Wenn die Ideen aber in harte Arbeit münden sollen, eben in die Volumenproduktion und hartes Ringen um Effizienz und Kunden, dann verblasst der Zauberschein.

Anstatt nun anzupacken und Nägel mit Köpfen zu machen, wird überlegt, was es sonst noch Neues gibt …

Diese halbgaren Leuchtturmprojekte folgen dem Goldfischzyklus. Man sagt, das Goldfischhirn vergäße alles nach acht Sekunden; deshalb setzt man ihn in ein rundes Glas, das so groß ist, dass er acht Sekunden für eine Runde braucht. Dann sieht er die Welt nach jeder Runde komplett neu. Wie wunderschön! Das mit dem Goldfisch stimmt nicht, aber es trifft auf das Leuchtturmprojektmanagement zu und auf so vieles andere auch, wo es alle paar Zeiteinheiten heißt: »Wir sind schon am Anfang!«

14.

Systemic Underdelegation und »Ich kann das besser, ich mach das!«

Hochqualifizierte erledigen oft Arbeiten, die »jeder andere Normale auch kann«. Das ist Verschwendung. Top-Performer mischen sich in »niedere« Arbeiten ein, wenn ein Kollege etwas nicht gut kann. Anstatt diesem etwas beizubringen und seine Defizite zu eliminieren, erledigen sie die Arbeit schnell selbst. Das ist unsinnig.

Wer sich die Mühe macht, »systemic underdelegation« mit Anführungszeichen bei Google einzugeben, findet Anfang 2022 nur 126 Hits. David Maister hat diesem Thema in seinem Buch *Managing The Professional Services Firm* ein Kapitel gewidmet. Ich habe es in meinem Buch *Schwarmdumm* aufgegriffen; sonst scheint es der Welt noch nicht recht unter die Augen oder zu Ohren gekommen zu sein. Das finde ich erstaunlich. Worum geht es?

Eltern haben oft nicht die Geduld, Kindern bei ihren ungeschickten Versuchen zuzusehen, ein Problem zu lösen. Kennen Sie das?

»Los, nun mach schon eine Schleife, wir müssen jetzt weg.« – Das Kind ist noch nicht fit im Schuhschnüren. Unter den nervösen Blicken der Eltern misslingt schon der dritte Versuch. »Wir müssen los, komm, lass mich das machen.« Das Kind stößt die Eltern zurück. »Ich kann das selber, lasst mich!« Es verheddert sich ein weiteres Mal. Da reißen die Eltern dem Kind die Hände weg, binden die Schuhe zu und wollen los. Das Kind schreit vor Zorn, lässt sich kaum beruhigen. »Ich will es selber!« Es bückt sich und zieht die Schleifen auf … die Lage eskaliert.

Oder im Supermarkt: Ein Paar mit kleinem Kind ging mit dem Kindereinkaufswagen zur Kasse, sie hatten nur wenige Artikel gekauft. Das Kind schob den kleinen Wagen zum Band und schickte sich an, die paar Artikel aufs Band hochzuhieven, aber das Kilo Zucker war nicht so einfach. Da nahm der Vater ihm die Last ab und stellte (Schwupps!) alle Artikel auf das Band. Ich sah eine Zehntelsekunde die Seele des Kindes zucken, da schrie es gellend auf. Die Eltern schimpften mit ihm, der Vater nahm das sträubende Kind auf den Arm und brachte es hinaus. Die Warteschlange beruhigte sich, »man« lächelte und fand es offenbar »normal«. Ich war an der anderen Kasse schneller fertig als die Mutter des Kindes. Draußen stand der Vater mit dem Kind auf dem Arm. Das Kind schrie hysterisch und schlug wild auf den Vater ein … Ich wollte fast gewalttätig werden, so betroffen war ich.

Jetzt beim Schreiben – ich erinnere mich noch genau – fällt mir eine Weisheit des systemischen Familientherapie ein: »Immer derjenige kommt schließlich zur Therapie, der die Lage im System am wenigsten aushalten kann.«

In den Unternehmen gibt es ähnliche Vorfälle. Vielen Perfektionisten platzt der Kragen, wenn aus ihrer Sicht »Stümper am Werk« sind. »Gehen Sie weg, ich mache das.« Und gleich, wenn es geschafft ist: »Ohne mich geht hier gar nichts.« Das klingt halb ärgerlich, halb selbstzufrieden. Es erniedrigt die Nebenstehenden. Dabei ist es die erste Pflicht der Besserkönner, die Auszubildenden so lange zu coachen, bis sie es selbst können! Das geschieht nicht.

Das alles verstößt beinhart gegen stinknormale Betriebswirtschaftslogik: Es ist ökonomisch unsinnig, einfache Arbeiten von hochbezahlten Mitarbeitern ausführen zu lassen.

Jede Arbeit sollte von solchen Mitarbeitern ausgeführt werden, die dazu qualifiziert sind, nicht aber stark überqualifiziert. Wenn sie überqualifiziert sind, sollte man sie für höhere Arbeiten einsetzen. Wenn sie dagegen für eine Arbeit derzeit noch nicht gut eingeübt sind, muss man sie ausbilden und coachen. Es gibt einen wichtigen Ursprung für diese sinnlose Unternehmensorientierung:

Wenn ein Unternehmen zu wenig Aufträge/Arbeit hat, neigt es zu Systemic Underdelegation.

Das kommt so: Wenn es einem Unternehmen nicht gut geht, leiden die Quartalsgewinne. Das Unternehmen zieht Handbremsen an, wo es nur kann. Investitionsvorhaben und Innovationen werden unterbrochen, geplante Einkäufe verschoben. Das Management zieht allen Mitarbeitern die Ohren lang: Sie sollen mehr tun! In den Datenbanken wird akribisch gemessen, wie hoch zum Beispiel die »billable time« jedes Mitarbeiters ist – das ist der Anteil der Arbeit, für die eine Rechnung an Kunden geschrieben wird (*bill*). Mitarbeiter mit einer geringen »billable time« müssen sich warm anziehen; sie sind im Sinne des Quartalsgewinns »nutzlos« gewesen; ihren Gehaltskosten standen keine genügenden Einnahmen gegenüber. Das stempelt sie zu Losern. Dieses Stigma wollen die Mitarbeiter natürlich vor ihrem Vorgesetzten nicht auf der Stirn tragen, wenn dieser mit »maniacal focus« aktionistisch durch die Flure rennt.

In solchen Zeiten nutzen die höher qualifizierten Mitarbeiter ihre Macht aus, alle solche Arbeiten an sich zu ziehen, für die sie Rechnungen bei Kunden stellen können. Sie sind dann »safe«; weil sie damit ein makelloses Arbeitsblatt nachweisen können.

Die weniger Qualifizierten müssen sich vom Chef Lücken in ihrer Arbeit vorwerfen lassen, die von den Top-Performern erzeugt worden sind. Kurz: In einer Krise wandert die Arbeit in der Hierarchie nach oben. Die Höherqualifizierten schrubben Überstunden, die weniger Qualifizierten »drehen Däumchen« oder sie sitzen – im US-Jargon – »on the bench«, auf der Ersatzbank.

Gesunder Menschenverstand schüttelt den Kopf vor so viel Verschwendung der besten Kräfte. Die schlimmen Folgen sind vielfältig:

- Die Chance zum Coaching wird vertan. Die Höherqualifizierten hätten bei schlechter Auftragslage die Chance, die normalen Mitarbeiter zu coachen und sie weiterzuentwickeln.
- Die Hochqualifizierten beschäftigen sich gerade jetzt in schweren Zeiten nicht mit neuen Strategien, neuen Geschäftsmöglichkeiten (»business development«) und etwa dem Wandel, zum Beispiel mit der Digitalisierung.
- Die weniger Qualifizierten werden wegen der Verschiebung der Arbeit letztlich bestraft und als Versager stigmatisiert; deren Moral sinkt (was dem Arbeitgeber oft egal ist; er nimmt gar nicht an, dass die Moral von weniger guten Mitarbeitern gut sein könnte).

Die Hochqualifizierten »rödeln bis zur Nahtoderfahrung« (Burn-out).

Wenn ein Unternehmen zu wenig Aufträge hat, sollte es die Top-Performer auf die Suche nach neuem Business, neuen Kunden und besseren Strategien schicken; diese Möglichkeit wird vertan.

Es ist klar: Jeder Mitarbeiter sollte Arbeit bekommen, die er gerne ausführt, bei der er etwas lernt und die ihn weiterentwickelt, indem sie ihn »fordert«, damit er daran wachsen kann. Das geschieht ausgerechnet in schlechten Zeiten nicht. Das Management ist in so empfundenen Notlagen nicht bereit, sich irgendwelchen gesunden Menschenverstand »anzutun«. Unter Hochstress ist jede ruhige Betrachtung eine ärgerliche Besserwisserei – »Sie kommen mir gerade jetzt damit! Hören Sie auf zu jammern! Was soll ich denn sagen und tun?« Die Führung ist mit persönlicher Selbsterhaltung beschäftigt. In guten Zeiten kümmert uns nichts, in schlechten haben wir keine Zeit dafür.

Es gibt auch andere skurrile Strategien. Im öffentlichen Dienst (ÖD) gibt es Arbeitsbeschreibungen, nach denen die Einstufungen in die Bezahlungsgruppen und Besoldungsstufen erfolgen. Beispiel: Eine Sekretariatskraft, die bei der Arbeit auf Englisch korrespondieren muss, kann verlangen, eine Stufe höher bezahlt zu werden. Ihr

Chef kann die Idee haben, alles Englische selbst zu erledigen, dann kann die Vorzimmerkraft zwar im Prinzip Englisch, aber sie verwendet ihre Kenntnisse bei der Arbeit nicht. In diesem Fall kann sie schlechter bezahlt bleiben. Prinzip: Wenn jemand im ÖD höherwertige Arbeit verrichtet, soll er mehr Geld bekommen. Wenn nun aber keine Planstellen zur Verfügung stehen, darf er keine anspruchsvolle Arbeit verrichten! Denn sonst kommt der Betriebsrat und klagt eine Höherstufung ein.

Aus einem Leserbrief:

»Ich habe schon lange gewartet und mehrmals beim Amt geklagt, dass mein Anliegen nicht bearbeitet wird. Die Auskunft: ›Wir haben zu viele komplexe Vorgänge in der Warteschlange. Wenn Ihr Vorgang einfach wäre, dann könnten wir ihn sofort bearbeiten. Dafür haben wir genügend freie Personalressourcen.‹ Ich schlug vor, mit diesen freien Ressourcen zu sprechen, ob sie nicht mein Anliegen vorziehen könnten, ich könnte am Telefon helfen. ›Das geht nicht. Wir haben einen Pool Höherbezahlter für die komplexen Vorgänge. Die einfachen Vorgänge werden von niedrig eingestuften Mitarbeitern erledigt – dabei geht es um all die Routine, für die man nicht viel wissen muss. Unter diesen Niedrigbezahlten sind etliche, die schon so viel Erfahrung haben, dass sie auch komplexe Vorgänge abarbeiten können. Aber die dürfen das nur zu einem kleinen Prozentsatz ihrer Arbeitszeit tun, weil der Betriebsrat sonst ihre Höherstufung fordern würde. Das wollen wir nicht. Leider sind die erlaubten geringen Zusatzprozente schon mit komplexen Fällen ausgelastet. Wir verstehen, dass wir wegen des Mangels an einfachen Aufgaben und des gleichzeitigen Überschusses an komplexen hier eine Menge untätiger Mitarbeiter sitzen haben, die eigentlich Ihr Anliegen sofort bearbeiten könnten. Aber uns sind die Hände gebunden. Wir bitten um Ihr Verständnis.‹«

Wenn niedrig bezahlte Kräfte sich weiterbilden und an höheren Aufgaben entlang entwickeln, wird mehr Geld eingenommen; die Warteschlange wird kleiner, die Zusatzarbeit der Entschuldigungen fällt weg. Aber der öffentliche Dienst verschwendet Geld, weil die

Ordnung am wichtigsten ist und das zügige Abarbeiten zur Zufriedenheit der Bürger nicht das oberste Ziel ist. Es wäre möglich, für das Bearbeiten der komplexen Fälle Boni an die schlechter Bezahlten zu verteilen. Aber solche Flexibilität gibt es im Amt nicht. Würde sie helfen? Wenn es Boni auf komplexe Aufgabenbewältigung gäbe, würden die Geringverdiener alles als komplex einstufen, um mehr zu verdienen. Das darf nicht sein. Solche Auswüchse dürfen sich nur die Ärzte bei der Liquidation von Privatpatienten erlauben (»Besonders aufwendige Mückenstichversorgung an besonders aufwendiger Stelle am äußeren Oberarm. Komplizierte Lokalanästhesie. Beratung des Patienten in einer lebensverändernden Gefahrsituation. Tetanusauffrischung im Notfall. Überweisung an Psychotherapeuten. Besondere Schwere einer aufwendigen Rechnungsstellung, die qualifizierten Erfindungsreichtum verlangt.«).

Keine Sinnfragen, bitte.

15.

Stichtage stoppen oder auf dem Weg zur Prozess-Guerilla

Das royale Protokoll ist Gesetz: Wenn die Königin die Gabel niederlegt, darf auch kein anderer mehr essen. Die Unternehmenswelt hat ähnliche eigene ungeschriebene Maßgaben: Viele Vorgänge müssen so lange warten, bis ein Chefwort gesprochen oder ein Stichtag erreicht ist. Womöglich muss noch eine Kommission tagen. Etats sind erschöpft, man wartet bis zum Jahresbeginn. Stets bleiben die Hände bis dahin im Schoß. So irre kann das Leben vor »Stichtagen« sein.

Unser Unternehmen ist eventgetrieben, ohne Anlass tun wir nichts!

Das Wort »eventgetrieben« oder »event driven« ist noch nicht so bekannt wie »prozessorientiert«. Bei Google kommt es kaum vor (etwa 1500 Hits). Ich behandle hier die Bedeutung, dass Unternehmen oft nur zu bestimmten Zeitpunkten aktivierbar sind (»bei einem Event oder einem Stichdatum«). Sonst eben nicht.

Man wird beispielsweise bei einer Gehaltsverhandlung nie am richtigen Ort zur richtigen Zeit sein:

Der Mitarbeiter versucht es trotzdem: »Chef, ich möchte im Augenblick nicht bloß überschäumendes Lob für mein geniales Projekt. Ich will jetzt eine Beförderung sehen.« – »Darüber können wir im Prinzip reden, aber nicht jetzt. Die Nominierung für Beförderungen ist in acht Monaten dran. Taktisch wäre es besser gewesen,

Sie hätten gerade zu diesem Zeitpunkt einen Erfolg vorzuweisen. Sie hätten Ihr Superprojekt doch hinziehen können. Bei zeitnahen Hochleistungen stimmen meine Kollegen in der Beförderungssitzung leichter zu. Bis zum nächsten Stichtag in acht Monaten hat das Management die heutige Ehrung glatt vergessen. Wir können daran erinnern, aber es wirkt nicht so gut. Und Sie sollten das Wichtigste wissen: Die meisten Manager, die bei Ihrer heutigen Belobigung anwesend waren, sind dann schon wieder auf anderen Posten, und die Neuen kennen Sie nicht.«

Das meiste kommt stets ungelegen …

»Bereichsleiter, ich möchte Ihnen eine wichtige Innovation vorschlagen.« – »Jetzt nicht, es ist Jahresendspurt, da haben wir keine Zeit für etwas Neues. Ah, ich schlage vor, Sie zeigen Ihre Idee an unserem Stand auf der Hannover-Messe. Die ist für Innovationen gerade richtig.« Der Innovator protestiert: »Die Messe ist in einem halben Jahr! Soll ich alles stoppen und mir das später noch vorwerfen lassen?« Der Bereichsleiter ist nervös, er hat keine Zeit, sich mit Unwichtigem zu befassen. Er schlägt vor: »Nutzen Sie die viele Zeit, um Plakate und Prospekte für Ihre Idee drucken zu lassen. Ein Video sollte ebenfalls drin sein. Die Messeleute haben einen satten Etat für so etwas, sie müssen ihr Geld ausgeben. Die überlegen meist lange vorher, wofür. Wenn Sie dann mit etwas Gescheitem kommen, freuen sie sich, dass jemand ihre Arbeit macht.« – »Chef, wollen Sie sich das nicht wenigstens selbst anhören?« – »Sehr gerne, aber Sie haben eben behauptet, es sei sehr wichtig. Dann ist es besser, Sie präsentieren alles vor einer größeren Gruppe. Lassen Sie sich auf die Agenda beim Innovationstag setzen. Ich bin nicht die richtige Adresse für Neues, ich lasse mich zu leicht überreden, und dann stoppt es der Controller sowieso. Der ist beim Innovationstag dabei.« Der ist in vier Monaten. Abgewimmelt.

… und bleibt es auch, egal, wen man anspricht:

Der Innovator wendet sich verzweifelt an die Marketingabteilung: »Marketing, ich möchte eine Innovation auf der Messe zeigen, dazu hat mir mein Bereichsleiter geraten.« – »Das geht nicht mehr, der Meldetermin ist verstrichen. Tut mir leid.« – »Keine Ausnahme?« – »Nein.«

Dem Innovator platzt der Kragen: »Ist es vielleicht möglich, dass mich jemand höflich fragt, worum es überhaupt geht?« – »Warum sollte ich das, wenn der Termin verpasst wurde? Was pampen Sie hier unsinnig herum? Warum halten Sie sich nicht an Termine, zu denen man Ideen haben soll?«

Der Marketing-Manager ist schon im Weggehen, da dreht er sich noch einmal zum Innovator um.

»Ah Moment, entschuldigen Sie, hiergeblieben! Es passt jetzt gerade für etwas anderes! Ich absolviere zurzeit einen Lehrgang für aktives Zuhören. Ich soll höherer Manager werden, da muss ich drei Ereignisse dokumentieren, bei denen ich zugehört habe, obwohl es mir schwergefallen ist und womöglich keinen Sinn hatte. Das ist jetzt der Fall. Fein, damit mache ich heute einen Punkt! Ich wende jetzt meine emotionale Intelligenz an. Also, lieber Herr Kollege, worum handelt es sich?« – »Wir können Funkwellen aus dem Weltall entschlüsseln. Wir haben schon Kontakt mit Überirdischen.« – »Na, korrekt muss es Außerirdische heißen, nicht Überirdische. Oder? Ich gebe Ihnen damit ein wichtiges Feedback.« – »Danke, aber es sind wirklich Überirdische. Verstehen Sie die ganze Tragweite?«

Der Marketing-Manager stutzt. »Ich soll nur zuhören, aber nicht sofort aktiv nachdenken, aber wenn Sie ein solch abseitiges Thema anschneiden, muss ich ihnen leider sagen, dass es nicht zum Messe-Motto passt. Das lautet ›Höre in dich hinein und fühle deinen Purpose‹. Melden Sie sich am besten zeitig für das Folgejahr an, da machen wir etwas mit Kunden, weil die Lage gerade mies ist. Sie müssen es dann so hindrehen, dass Überirdische als Kunden gesehen werden können. Lügen Sie es irgendwie hin, das machen hier alle. Die Mottoerfinder haben nämlich keinerlei Kontakt zur Realität, also muss sich die Realität an das Motto anpassen.«

Der verzweifelte Weg des Innovators geht weiter:

Betriebliches Patentwesen. »Herr Patentanwalt, ich möchte ein Verfahren zur sicheren und datengeschützten Kommunikation mit Überirdischen als Erfindung anmelden.« – »Legen Sie es auf den Stapel dort. Wir haben eine Direktive für dieses Jahr, nur solche Patente anzumelden, die etwas mit künstlicher Intelligenz zu tun haben. Das geht leider nur schleppend voran, sagen ich Ihnen. Wir haben Ziele auf KI und müssen uns die Hacken ablaufen. Sie müssen so lange warten.«

Ein Unternehmen ist eventgetrieben, wenn die Prozesse des Unternehmens auch die sinnvollsten, dringendsten und wichtigsten Vorhaben nur zu bestimmten Terminen oder unter besonderen Umständen erlauben.

Es hat daher keinen Sinn, sich mit sinnvollen Fragen und Antworten zu befassen, wenn sie nicht auf die Tagesordnung gesetzt werden können.

Aus der Politik kennen Sie: »Geht jetzt gar nicht, es kommen Wahlen.« – »Du liebe Zeit, macht ihr nur Wahlkampf?« – »Da fühlen wir uns wohler, da wissen wir, was zu tun ist.« – »Wollt ihr gewinnen?« – »Natürlich auch, aber es sind so viele Dinge zu bedenken. Plakate drucken und das Mieten von Sälen.« – »Fühlen Sie denn Ihren Purpose in sich?« – »Nein, Parteien haben bewusst noch keinen Purpose. Das ist erst nur in Unternehmen so. Die Unternehmen verkaufen ja für eine längere Zeit dasselbe. Da ist ein Purpose ganz okay, er stört nicht. Parteien müssen viel flexibler sein. Unsere Fahne, Sie verstehen?« – »Nein, trinken Sie zu viel?« – »Das auch, aber die Fahne flattert im Wind.«

Jeder Naive wird hier scheitern, weil er nicht weiß, wann etwas geht und wann nicht. Das trifft für die meisten Mitarbeiter zu, besonders sind es die Innovatoren, die plötzlich aus ihrem gewohnten Kontext heraustreten müssen. Loser kümmern sich erst um ihre Probleme, wenn sie auftreten. Innovatoren und Mitarbeiter überhaupt müssten aber wissen, wann diese Probleme auftreten sollten oder wann sie überhaupt auftreten dürfen. Da die Mitarbeiter das nicht wissen, muss ihnen das Management ihre Ahnungslosigkeit in Bezug auf »eventgetrieben« immer wieder vorhalten. »Jetzt nicht, ist doch klar!« Das erbost die Mitarbeiter jedes Mal wieder, bis zur Weißglut, weil sie so viel Vorarbeit für die Tonne geleistet haben.

»Liebe Mitarbeiter, ich hoffe, Sie sind gut ins neue Jahr gekommen. Wir können derzeit noch nicht richtig losarbeiten, weil wir noch keine Ziele bekommen haben und daher im Dunkeln tappen, wofür es Boni gibt. Um die Zeit bis dahin sinnvoll zu nutzen, lade ich Sie am 18. Januar zu unserer Weihnachtsfeier ein. Näheres folgt.«

Diese Nachricht weist einen schlauen Absender aus. Er weiß, dass Weihnachten am Jahresende, also am hochkritischen vierten Quartalsschluss gefeiert wird. Da sich das Ergebnis des vierten Quartals auf die Boni der Führungsschicht entscheidend auswirkt, ist es nicht so richtig gut, während der Arbeitszeit im Dezember Glühwein zu trinken, und schon gar nicht, die Mitarbeiter auch noch zu frühzeitig mit Lob zu erwärmen! Deshalb werden solche Feiern in der Regel in Namen eines dynamischen Schlussspurts abgesagt, damit das Ergebnis gerettet werden kann. Wer aber die Psychologie eines Unternehmens versteht, schlägt ihm ein Schnippchen: Der Etat wird am besten gleich zu Jahresbeginn »verbraten«, noch bevor die Kürzungen einsetzen. Das nennt man Prozess-Empathie.

Manager und Mitarbeiter mit Prozess-Empathie kennen sich aus. Sie bestellen neue Maschinen und Computer, Ersatzteile und Lehrgänge stets am ersten Tag eines Quartals, damit sie nicht von dem gewohnten Einkaufsstopp und anderen Sparmaßnahmen betroffen sind. Lehrgänge und Reisen sollten auch im ersten Monat eines Quartals stattfinden, weil sie später jederzeit gecancelt werden können.

Prozess-Empathen nehmen keinerlei Appelle ernst, sowas wie »Melden Sie besonders hochtalentierte Frauen für das Acceleration-Programm an den CDO – gezeichnet: CEO.« Dahinter steckt ein routinemäßiger Aufruf des Chief Diversity Officers, der nicht genug Standing hat, um ohne die unterstützende Presseerklärung des CEO irgendetwas durchzusetzen. Der CEO hat damit wahrscheinlich nichts am Hut. Die Kommunikationsabteilung hilft dem CDO mit einem Autogramm des Chefs unter einer Massen-Mail. Wer Prozesse dieser Art kennt, lässt sie an sich abtropfen.

Ich wurde in meinem Arbeitsleben so oft mit appellativen Mitmachparolen überhäuft – und wenn ich einen Beitrag geleistet hatte und später nachfragte, war alles lange versandet. Die Frauenförderung in diesem Beispiel wird meist nebenher als bloßes Lippenbekenntnis betrieben. Manager fürchten sich, Frauen zu befördern, weil es Protest unter allen Männern gibt, die glauben, endlich selbst dran zu sein. Das ist das Problem! Ich habe also geduldig Namen von klasse Kolleginnen gesammelt, aber nichts getan.

Wieder kam eine Mail! »Melden Sie weibliche Hochtalente.« Ich reagierte nicht und deutete an, keine Zeit »für so etwas« zu haben. Das macht die Personaler wütend. Zwei Wochen später: »Es ist absolut unerlässlich …« Ich reagierte immer noch nicht. Noch zwei Wochen später: »Herr Dueck, wir ziehen ernste Konsequenzen in Betracht, wenn Sie nicht sofort Input bereitstellen. Merken Sie sich schon einen Privattermin weiter oben vor, wenn Sie immer noch nicht reagieren.«

Ich klatschte vor Freude in die Hände! Wenn sie mit Drohungen kommen, wollen sie plötzlich wirklich etwas tun, weil sie unter Druck stehen. Ich reimte mir nach zwei Telefonaten zusammen, dass von ganz oben ein bitterernster Termin zur Erhöhung der Frauenquote anstand. Nun musste weiter unten beherzt und augenblicklich gehandelt werden! Jetzt war ein kleines günstiges Fenster offen, etwas zu bewirken – so wie man Marsraketen nur zu einem bestimmten Zeitpunkt günstig ins All schicken kann. Ich antwortete, dass ich eigentlich an etwas sehr Wichtigem arbeiten würde, aber ausnahmsweise bereit sei, am Wochenende seriös über das Problem nachzudenken. In der Nacht zu Montag schickte ich meine Liste der gesammelten Topkolleginnen an Human Resources, mit der Bitte um deren sofortige Beförderung.

Das geschah. Und zwar – das ist der wichtige Punkt – mit hervorgezauberten Sonderbeförderungen aus der Zentrale; die direkten Vorgesetzten der Kolleginnen mussten nichts tun, nichts »opfern« und keinen Mann übergehen.

Der vorige Abschnitt war etwas didaktisch und legendenbildend verbrämt, das haben Sie sicher gemerkt. Es soll nur klarer werden, was ich sagen möchte:

Prozess-Empathie weist den Weg: Sie merkt energisch auf, wenn ein harter Befehl von oben kommt und eine Frist setzt, über die nicht diskutiert werden darf. Das ist ein wirkliches Event: Da kämpft jemand ganz oben um seine Existenz. In diesem Augenblick kann etwas bewegt werden. Sonst eher nicht. Stark prozessorientierte Unternehmen sind nicht in der Lage, etwas außerhalb der eisernen Regeln flexibel zu handhaben. Psychologisch gesehen erkrankt ein stark prozessorientiertes Unternehmen an Zwanghaftigkeit – wie ein Mensch mit zu vielen Regeln. Menschen mit einer zwanghaften Persönlichkeitsstörung warten mit dem Ausbrechen aus dem gewohnten Rahmen »bis sie dem Tod ins Auge sehen«. Und wenn sie diesen Todeshauch spüren, dann – und das ist eine ungeheuer wichtige Erkenntnis, die ich Ihnen aus der Psychologie mitgeben möchte – dann sind sie in diesem Zustand bereit, jede beliebige vernünftige Lösung zu akzeptieren, die man ihnen jetzt gerade vorschlägt. Ohne jede Regelbeharrung. Der Todeshauch soll weg, sonst nichts. Aufatmen, es geht weiter – mit neuen Regeln.

Stellen Sie sich dasselbe Spiel bei bloßen Alibi-Appellen vor, an Ideenwettbewerben teilzunehmen – daraus wird nichts. Aber wenn jemand ganz oben schrecklich grimmig wird, dann ist ihm wahrscheinlich die Presse auf die Pelle gerückt: »Können Sie bitte zur Pflege Ihres Aktienkurses Ihren Investoren verraten, was sich an konkret gewinnträchtigem Neuem in Ihrem Unternehmen tut?« Wer in diesem Augenblick eine große Idee hochreicht, kommt damit ins Fernsehen und muss großzügig gefördert werden. Ich meine: eine sehr große Idee! Ein kleine hilft bei der Presse nicht weiter. Zu allen anderen Zeiten zeigt man Ihnen für große Ideen einen Vogel.

Der größte Vorteil einer rettenden Aktion bei einem ernsten Event liegt darin, dass nicht mehr endlos geredet werden muss, sondern unverzüglich gehandelt wird. In der Not wird auf PowerPoints und endlose Meetings komplett verzichtet. Es gibt kein Feintuning von Begründungen, keine Abstimmungen und Interessenkämpfe.

> Prozess-Empathie hilft, dass man einfach so durchgewunken wird.

Vergleichen Sie den Aufwand, eine Investition mitten im Quartal zu beantragen, mit dem Aufwand, das Budget gleich zu Beginn auf den Kopf zu hauen. Vergleichen Sie das Theater, die Frauenquote auf normalem Prozessweg anzuheben, mit dem Aufwand, der nötig ist, das Problem in Minuten sinnvoll hinter sich zu bringen. Merken Sie dann, wie viel Arbeit für die Tonne geleistet wird?

Sie werden einwenden, dass es nicht sinnvoll ist, wie eine Prozess-Guerilla vorzugehen. Das kann sein, aber das, was Sie normalerweise tun, ist doch viel weiter weg von »sinnvoll«, oder? Ausreichend-Unternehmen sind nur zu Zeiten handlungsstark, in denen eine Katastrophe droht. Wie damals in der Schule, wenn die Versetzung gefährdet war. Oder Sie erinnern sich noch weiter zurück, wenn Sie Ihr Unternehmen besser verstehen möchten: An den Kindergarten, vom dem in Meetings erstaunlich oft die Rede ist.

16.

Meeting-Tumulte bei schlechter Sitzungsleitung

Reicht Ihnen schon der Titel? Sie wissen ja, was kommt: Leidenschaftliches Meeten für die Tonne, alle reden durcheinander – und zwar besonders bei Beschlusspunkten, bei denen keine eigenen Interessen auf dem Spiel stehen. Man würde denken, in solchen Fällen sei gesunder Menschenverstand erlaubt, aber nein: Man babbelt drauflos, was einem in den Kopf kommt. Manager sind nicht geübt, etwas zu entscheiden, bei dem es für sie selbst um nichts geht.

In einem »Managementsystem« sind neben den ausgesprochen aggressiven Zahlenmeetings auch periodische Meetings für die obere Führung vorgesehen, die sich um neue Unternehmensregelungen kümmern, Konventionen anpassen und Prozesse verschlimmbessern. Die Teilnahme ist dringend erwünscht, weil ja neue Regeln für das ganze Unternehmen festgesetzt werden sollen. Diese mehr zwanglosen Meetings ufern meist entsetzlich aus und führen kaum zu guten Entschlüssen. Es gibt leider Fragen, bei denen es mehrere gute Lösungen gibt, aber bei fehlenden Egoismen ist die Entscheidung zu schwer, welche gute Lösung schließlich konkret gewählt werden soll.

Auf der Tagesordnung stehen:

- **Burn-out-Prävention**, Appell-Vortrag durch den extra angereisten Chief Health Officer an die versammelten Zweigstellenniederlassungsmanager. Sie sollen nicht zu viel arbeiten oder doch, aber Hochstress positiv sehen und als Vorbild für die Mitarbeiter an der kostenlosen Zeckenimpfung teilnehmen.

- **Die neue Unternehmenspräsentation** wird enthüllt – grell neue Farbpalette, abgerundete Ecken. Es werden Bravo-Rufe erwartet.
- **Die neue Dienstwagenregelung** sieht nur noch Elektro-Autos vor, was als harte Freiheitseinschränkung des Menschen an sich ausgebuht wird. Der neue Diskussionsvorschlag: probeweise Elektro-Autos nur für das untere Management.
- **Appell des Personalbereichs,** extern neue geeignete Mitarbeiter anzusprechen – jeder solle dabei helfen, die Arbeit von HR zu erledigen. HR ist auch am Feedback des Managements über das mögliche Bewerberniveau in neuen Geschäftsfeldern interessiert, damit sofort losgelegt werden kann, wenn die seit einigen Jahren andauernden Einsparungen aufhören sollten.
- **Wiedervorlage:** Zur Einsparung soll das Gratulationszeremoniell zu Geburtstagen während der Dienstzeit zeitlich limitiert werden. (Die erste emotionale Vorfeld-Reaktion der Mitarbeiter erfordert eine eingehende Diskussion, die diesmal nicht ausufern soll, so wie im Vormonatsmeeting geschehen.) Es soll besprochen werden, die Geburtstage nach Wochen zu poolen und immer freitags ab 18 Uhr unten am Eingang zu feiern.
- **Ein wichtiger Diskussionspunkt** auf Antrag des verärgerten Empfangspersonals: Immer wieder kommen Mitarbeiter an den Hauptverwaltungsempfang, die ihren Ausweis zu Hause vergessen haben. Sollen weiter kulant Tagesausweise ausgestellt werden? Das Facility-Management-Subunternehmen verlangt eine Anpassung des Service-Level-Vertrags um diese neu zu bezahlende Aufgabe.

Sie zanken sich. Warum? Jeder Manager im Raum findet diese Themen nicht wichtig im Sinne seiner Ziele für das laufende Quartal. Er hat also zu diesen Themen keine interessengetrieben starke Meinung. Das gilt für alle, deshalb gibt es nur Palaver und noch mehr Palaver.

Im ersten Tagesordnungspunkt zum Beispiel geht es um die Häufung von Burn-outs von Topexperten, die immer wieder Projekte in Gefahr bringen. Im CHO-Vortrag wird das auch aus der Sicht der Erkrankten dargestellt, die nach ihrer Wiedereingliederung meist keine Chance mehr sehen, den vollen Jahresbonus zu bekommen. Es sei wichtig, die Lehrgänge »Erlebe Stress als positive Bereicherung« und »Work-Life-Balance« zu absolvieren. Es habe sich bewährt, mit der Familie abendliche Quiz-Shows anzuschauen und dabei die Mails abzuarbeiten. Damit würde zugleich gearbeitet und intensiv familiär gelebt, was sich als sehr effizient herausgestellt habe.

»Ihre Wortmeldung, Herr Hinterbank?« »Ich plädiere dafür, jeden Chef eines Burn-out-Falles mit drei Monatsgehältern zu bestrafen. Dann hört das auf.« – »Das geht nicht, weil die Diagnose zu vage ist.« – »Dann bestrafen wir ihn bei jeder Krankheitsabwesenheit eines Mitarbeiters ab acht Wochen.« – »Das geht nicht, weil es auch ein Ski-Beinbruch sein könnte.« – »Unsere Zielvorgaben sind alle so sehr schwammig, dass meine vorgeschlagene Regel fast zielsicherer erscheint als die übliche Willkür in der Zielauslegung.« – »Stopp! Sie merken doch, dass wir das nicht wollen. Hören Sie sofort auf, unsachlich nachzulegen. Wir haben gar nicht so viele Burn-outs.« – »Wie wenige? Wir sind doch zahlengetrieben. Also?« – »Das hat etwas mit Menschlichkeit zu tun. Lassen Sie bitte das schnöde Runterziehen auf nackte Zahlen. Es geht um Menschen. Das ist nicht Stil unseres Unternehmens. Einverstanden?« – »Wenn es nur wenige sind, dann frage ich, wozu wir einen CHO brauchen?« Betretene Stille. Einige Anwesende lächeln süffisant. Sitzungsleiter: »Die Diskussion ufert aus, sorry. Immerhin haben wir ein Meinungsbild. Die viel wichtigere Frage ist, ob wir uns als Führungskräfte bei der Zeckenimpfung sehen lassen wollen. Wir könnten damit ein wichtiges Signal an unsere Mitarbeiter aussenden, indem wir uns dabei mit diversen Mitarbeiten fotografieren lassen.« – »Das halte ich für gefährlich, weil es schlimme Assoziationen weckt. Ich sage nur: Corona.« – »Das ist etwas ganz anderes. Die Zeckenimpfung ist unstreitig wichtig, das weiß doch jeder …«

»Himmel, Leute! Ich schaue auf die Uhr. Wir müssen noch durch die ganze Agenda!« – »Dann machen wir erst einmal eine Pause.« – »Ja, aber nur fünf Minuten. Ich appelliere an Sie, pünktlich wieder zurück im Raum zu sein.« Alle stürmen mit ihren gezückten Smartphones hinaus; sie haben die Mails während der Diskussion abgearbeitet und müssen nun noch die Anrufe abhaken. Nach 20 Minuten sind zwei Drittel der Manager wieder da. Viele mussten sich leider »ausklinken«.

»Wir kommen nun zu der neuen Unternehmenspräsentation, die ja schon im Vorfeld verteilt wurde. Haben Sie sich damit vertraut gemacht?« – Wunderbar-sagenhaft-Gemurmel. »Gibt es Feedback dazu? Ich schaue in die Runde. Es ist eigentlich nicht nötig, dazu etwas zu sagen, denn die Medien-Agentur war sehr teuer, und das Ganze hat drei Monate gedauert. Sie, jetzt doch?« – »Ich protestiere, dass in der offiziellen Präsentation geduzt wird – außerdem wird auf den Bildern gegen jede Kleiderordnung verstoßen. Wo sind wir denn hier?« – »Früher mussten wir Krawatte tragen, jetzt duzen. Das ist der notwendige Wandel, ohne den wir unsere Zukunft nicht meistern können.«

Es folgt eine tumultöse Sitzung, in der persönliche Aversionen aufbrechen ... danach haben sie so viel Energie verbraucht, dass sie der Sitzung nicht mehr aktiv folgen können.

Nun habe ich Ihnen zu den ersten beiden Tagesordnungspunkten gezeigt, wie leicht Sitzungen ausarten. Es liegt an der Sitzungsleitung, die könnte einschreiten. Ist das so schwer?

Da plädiert jemand aus der zweiten Reihe für eine Bestrafung bei Burn-out. Das ist an sich überlegenswert, ich habe es einmal versuchsweise auf Twitter vorgeschlagen. Dann weiß man, was man vorgeschlagen hat. Es kommt Jubel und Protest. Das weiß der Sitzungsleiter. Er weiß auch, dass der Vorschlag das Meeting auflockert, aber hier nicht konstruktiv ist. Ein guter Abwürgetrick ist die Antwort: »Toller Vorschlag! Ich habe nächste Woche einen Termin ganz oben, da werde ich Ihre Anregung anbringen. Ich glaube nicht, dass er einfach so angenommen wird, aber er ist ausgesprochen überlegenswert. Ich werde deshalb auf einen günstigen Moment warten.«

Zu der zündelnden Wortmeldung mit dem Duzen genauso: »Good Point!«, sagt man in den USA. »Da sollten wir noch einmal eine Umfrage starten. Ich gebe es weiter. Darf ich Sie als Urheber namentlich nennen? Ich finde es absolut fair, dass Sie öffentlich als Ideengeber bekannt werden. Bitte ins Protokoll!« Meist folgt ein Rückzieher: »Ist schon gut, lassen wir das weg. Ich wollte es nur sagen, dass die Duzerei vielen nicht passt. Wenn ich der einzige bin ...« schaut sich um, alle kuschen oder sehen kein Problem.

Es wäre doch gut, wenn die Sitzungsleiter dazu ausgebildet worden wären und einen kleinen Vorrat an Steuerungstechniken mitbrächten.

Das Problem dieses Meetings ist die bunte Agenda, in der es um Regelungen geht, die normalerweise für niemanden die eigene Zielerreichung tangieren.

Wenn keinerlei Eigeninteressen im Spiel sind, kann sich eine Diskussion über Monate hinziehen.

Noch ein ernstes Beispiel: Bei Feueralarm müssen alle sofort raus und sich zum Sammelplatz begeben. Die Führungskräfte schauen zuvor noch nach, ob alle ihre Mitarbeiter in Sicherheit sind. Da sich das Feuer von Sauerstoff aus Gängen und offenen Fenstern nährt, ist streng angeordnet, beim Verlassen alle Zimmertüren zu schließen. Es gibt auch besondere schwere Feuerschutztüren, die automatisch bei Alarm schließen. So weit die gelebte Praxis.

Dann aber geschieht es irgendwo in der Welt, dass sich ein Mitarbeiter zum Schlafen gelegt hat und seine Bürotür abgeschlossen hatte, um nicht gestört oder erwischt zu werden. Der starb. Daher ergeht nun die gegenteilige Vorschrift, alle Türen zu öffnen, bevor das Gebäude verlassen wird.

Solche radikalen Wendungen sind wie geschaffen zum Zeittotschlagen. »War das jetzt immer falsch, wie wir vorgegangen sind?« – »Man wird doch wohl sagen dürfen, dass jetzt Tausende Gebäude sinnlos abbrennen, nur damit alle Jubeljahre eine kriminelle Schlafmütze gerettet wird.« – »Das sagen Sie, Herr Kollege? Unter der Feuerschutztür neben Ihrem Büro liegt ein Holzkeil.« – »Mischen Sie sich ...«

Gute Sitzungsleitung würde die neue Anordnung bekanntgeben, selbst den Kopf schütteln und bekennen, dass man das zwar hinnehmen müsste, dass sich aber Sinnfragen stellen. »Ich schlage vor, dass wir uns in der Zentrale ganz offiziell nach den Gründen für diese Änderung erkundigen sollten; ich stelle diesen Antrag im Namen aller Anwesenden. Ist das für Sie in Ordnung?« – »Ach nein, wir sollten uns keinen Kopf machen, es brennt ja nie. Was soll's?« Gemurmel. Sitzungsleiter: »Gut, dann ändere ich die Feuerschutzrichtlinien wie befohlen. Nächster Punkt ...«

Wahrscheinlich finden Sie beim Lesen, dass meine Vorschläge zur Sitzungsleitung nicht ideal sind. Sie protestieren innerlich bei einem Thema, dass Ihnen nicht so am Herzen liegt. Das ist gut. Protestieren Sie innerlich! Machen Sie aus guter Sitzungsleitung ein Thema! Ihr Unternehmen hält es wahrscheinlich für eine grässliche Geld- und Zeitverschwendung, jede Führungskraft und jeden Projektleiter eine volle Woche professionell auf Sitzungsleitung zu schulen. Diese »verschwendete« Zeit holen sie doch alle wieder spielend rein!

17.

Systemic Overload plus Zusatzarbeit fürs Entschuldigen und Verschieben

»Wer sich zu wenig vornimmt, schafft auch nicht viel«, wiederholen Manager ein Mantra. Sie »knallen sich die Kalender zu«, sagt man im Jargon. Diese Idiotie – sage ich – hat in den letzten Jahren auch die normalen Mitarbeiter erfasst. Sie haben generell keine Zeit mehr übrig. Ich habe darüber ausführlich im Buch *Schwarmdumm* geschrieben. Hier nur kurz, ohne mathematische Beweisführung, über die Grundzüge der Warteschlangentheorie: Überladen des Kalenders führt zu Überstunden ohne Ende und erzeugt Mehrarbeit ohne Sinn – für die Tonne eben.

Sie kennen sicher Ärzte mit einem gedrängt vollen Tagesplan. Es ist normal, dass dort drei bis sechs Personen auf die Behandlung warten und lustlos in abgegrabbelten *GEO*-Heften stöbern. Diese verschwendete Zeit interessiert niemanden! Jede Minute Arzt verschwendet fünf Minuten von anderen. Schlimmer noch: Es kommen Notfälle herein, die nicht in den Plan passen. Nun setzt es noch längere Wartezeiten. Einige Patienten können nicht mehr behandelt werden. Sie bekommen neue Termine. Wieder verschwendete Zeit! Ab und zu kommen Arzthelfer und gar der Arzt persönlich und entschuldigen sich. Die Parkhausbetreiber freuen sich … Wenn der Kalender des Arztes nicht so dicht wäre und einfach einen Puffer für Unvorhergesehenes vorgesehen hätte, würde nicht so viel seiner Zeit und der seiner Patienten vertan.

Das ist nichts Neues. Nach meiner langen Erfahrung mit dieser Argumentation kann ich von vielem weit Schlimmerem berichten, was meine Zuhörer hierzu beisteuerten. Lauter irrsinnige Storys von Ärzten, von Beinahe-Katastrophen in überlasteten Flughäfen, die nervenfiebernd durchlebt wurden, weil Airports bekanntlich ohne schlechtes Wetter planen. Auch die Bahn geht bei der Fahrplan-Planung immer von der Höchstgeschwindigkeit aus, sodass Verspätungen prinzipiell nicht aufgeholt werden können.

Trotzdem sind meine Zuhörer entgegen aller schlechten Erfahrungen persönlich nicht willens, ihre eigenen Planungen entsprechend wahnsinnsfrei zu gestalten, indem sie Zeitpuffer einbauen.

Wenn man zum Beispiel nur sieben Stunden Arbeit für einen Achtstundentag plant, hat man genug Gelegenheit, die unvorhergesehenen Anforderungen gleich zu erledigen. Wenn an diesem Tag alles glatt läuft, geht man gefälligst nach Hause; es wird schon Tage mit neun Stunden geben. Es ist jedenfalls wichtig, dass Arbeiten zeitig erledigt werden. Das verstehen die meisten nicht. Sie sagen: Die an diesem Tag nicht geschaffte Arbeit wird auf den nächsten Tag geschoben und letztendlich sauber erledigt. Das stimmt! Aber wer Arbeit nicht zeitig abliefert, bekommt Nachfragen: »Können Sie das kurz vorziehen? Es brennt bei mir!« Wer eine harte Deadline hat, etwas bis Büroschluss zu liefern, aber einen noch viel wichtigeren Befehl vom Oberchef zwischenrein bekommt, bringt Projekte durcheinander. In jedem Fall wird verhandelt, was wie wichtig ist, was wann drankommt, was verschiebbar ist – und immer: »Wir bitten um Entschuldigung!«

Das sind alles Zusatzarbeiten, die mit Puffer nicht anfallen würden. Insbesondere bleibt die Arbeit mit Puffer entspannt. Die der Hektik geschuldete Mehrarbeit schadet den Nerven, die zeitaufwendige »Task-Triage« kann wegfallen.

Denken Sie daran: In vielen Situationen, in denen es Ihnen höchstpersönlich auf die Einhaltung eines wichtigen Termins ankommt (Arzt, Flug, Bahn), werden Ihre Nerven auf die Probe gestellt. Noch stärker leiden Sie, wenn wichtige Termine verschoben werden müssen (willkürliche Chefabsagen wichtiger Gespräche, Ihre versprochene Beförderung). Solche Verschiebungen verschwenden ungeheuer viel Zeit, Motivation und damit psychische Energie oder Lebenskraft. Wenn das abgesagte Gespräch mit Ihrem Chef dann doch stattfindet, geht es erst einmal mit Entschuldigungen los – »Tut mir leid, dass Sie warten mussten, aber …«. Das verschwendet wieder Zeit; und wenn sich der Chef (zeitsparend) nicht entschuldigt, fühlen Sie sich nicht wertgeschätzt.

Überzeugt Sie das jetzt (endlich), Puffer in Ihre Arbeit einzuplanen? Das wäre allerdings nur die halbe Miete, denn die anderen nehmen auf Sie keine Rücksicht.

Alles liegen lassen, es ist dringend! Ach doch nicht, verschoben!

»Ich weiß, ich bin spät dran, ich brauche noch einige Unterlagen. Hallo? Sind Sie noch dran?« – »Ja, ich meine, ich stehe hier schon im Mantel ...« – »Jetzt schon? Egal, ich will nichts Großes, nur die PowerPoints von unserer Vision vor fünf Jahren, die haben Sie doch bestimmt. Ich weiß aber nicht, wie der File heißt. Bevor Sie was schicken, schauen Sie, ob alles noch gut aussieht, und machen Sie Vorschläge, wie wir die Zahlen ändern, damit es so aussieht, als wäre seit der Vision etwas in der Richtung passiert. Könnte ja sein. Sie müssen den Mantel nicht ausziehen, ist nur eine Kleinigkeit.«

Dann ziehen Sie eben den Mantel unter »Armleuchter!«-Ausrufen aus und bleiben, bis es Nacht wird über pptx-Land. Um 22 Uhr ruft der Chef ungnädig an. »Ich dachte, es hat Zeit bis morgen früh«, stammeln Sie, und er blafft Sie an: »Das Meeting fing um 19 Uhr an, ich bin bald an der Reihe, ich muss mich doch vorbereiten – deshalb sollten Sie doch alles schnell raussuchen. Ist das zu viel verlangt?« Nach einer halben Stunde schicken Sie einen gefühlt unfertigen Stand und hoffen, nicht geköpft zu werden. Sie schlafen schlecht und schielen am nächsten Morgen im Büro, ob der Chef kommt – was wird er sagen? Er kommt fröhlich entspannt zu Mittag. »Danke, dass Sie es geschickt haben; ich brauchte es nicht mehr. Wir wollten noch etwas trinken und haben das Meeting an die Bar verlegt. Langes Meeting, sage ich Ihnen.«

Projekte platzen, Kunden entscheiden sich anders, neue Manager kommen und wollen alles neu, Prozesse haken ohne Grund, bei allem Juristischen spielen Termine keine Rolle, sofern man selbst etwas will – »Testamentseröffnung so etwa sechs Monate nach dem Tod« – »Ausweis kommt vielleicht in acht Wochen«. – »Hallo, Verlag?« – »Geht jetzt nicht, bald ist Buchmesse, wir haben keinen Puffer für anderes.«

Kennen Sie Sartre? »Die Hölle, das sind die anderen.« Und jeder ist für die anderen ein anderer.

Der Irrsinn, keine Zeit für Unvorhergesehenes einzuplanen, trifft Sie auch dann, wenn Sie selbst bestmöglich organisiert sind. »Hallo Herr Dueck, ich rufe wegen unseres Interviews an. Hallo? Sie erinnern sich nicht? Wir haben doch vor acht Wochen eine Stunde lang telefoniert? Jetzt? Ah, Sie wissen noch, worum es sich handelt? Der Artikel soll morgen erscheinen, ich habe ihn eben grob runtergeschrieben. Sie können gerne kommentieren und berichtigen, dann bitte freigeben. Bitte bis 22 Uhr, dann schließen die Redaktionssysteme!«

Das sollten Sie jetzt bitte nicht witzig finden, es kommt oft vor.

Der Artikel strotzt leider (meist, wirklich!) vor sachlichen Fehlern, das Korrigieren verschlingt mehr Zeit, als ich selbst für den Artikel gebraucht hätte. Ich liefere genau 5997 Zeichen statt der verlangten 6000 um 21 Uhr. Um 21.30 Uhr kommt eine verhunzte Kurzversion zurück, »weil wir plötzlich noch eine Anzeige schalten konnten«. Am nächsten Morgen: Der Artikel musste zugunsten eines Leberflecks einer bekannten Influencerin Platz machen, die alle Leser bat, ihr per Abstimmung zu raten, ob er wegmuss. Mein Artikel musste jedenfalls weg. Drei Monate später: »Erinnern Sie sich? Ich habe die Chance, morgen früh 3700 Zeichen unterzubringen … das gibt eine Menge Visibility für Sie, das verspreche ich Ihnen …« Ächtet die Dringendmacher!

Diese Dringendmacher sind gleichzeitig oft auch Chaoten. Sie sind eine Pest für jeden noch so guten Planer. Ich habe fast immer einen Puffer für so etwas, ich schaffe es ja noch. Aber ich sehe nicht ein, warum ich meine Arbeitszeiten durch Unorganisierte fremdsteuern lassen muss. Sie vertrauen rücksichtslos darauf, dass ich sie rette. Ich erinnere mich an meine Frau vor vielen Jahren:

Das Kind zieht sich die Jacke für den Kindergarten an. »Mama, ich muss heute eine Camembert-Schachtel aus Holz zum Basteln mitbringen.« – »Bist du irre? Woher nehme ich die jetzt?« Achselzucken. »Kind, sag der Kindergärtnerin, ich besorge die Schachtel, aber jetzt habe ich keine. Sag, sie möchte es entschuldigen.« Große Augen. »Was ist? Sag, ich bring eine!« – »Mama, das habe ich schon ein paar Mal versprochen.« – »Wann solltest du denn die Schachtel bringen?« – »Weiß nicht mehr, Mama.« – »Lange her?« Nicken. Mama rast zornig zum Supermarkt.

Ich bin oft als Redner unterwegs, wenn es einmal keine Pandemie gibt. Ich muss pünktlich vor Ort erscheinen. Das geht nur, wenn ich zwei Stunden früher mit dem Zug losfahre, als ich nach dem Fahrplan müsste; ich muss im Ernstfall die Option haben, per Taxi anzurasen. Das verschwendet meine Zeit, ich muss früher aufstehen, es kostet Kondition. Alles für die Bahn. Bei 50 Terminen im Jahr sind das 100 Stunden oder zwei Arbeitswochen. »Wir bitten wie immer um Entschuldigung. Da die Sitzplatzanzeige nicht funktionierte und wir nur einen Kurzersatzzug zur Verfügung hatten, können Sie sich am Bahnhof bei der langen Schlange anstellen und dort zu beweisen versuchen, dass Sie Anspruch auf die Erstattung der Reservierungsgebühr von 5,30 Euro haben.« Das Parkhaus am Hauptbahnhof kostet 60 Cent die Stunde. Die bekommt die Bahn von mir bei Verspätungen und zu frühem Abfahrenmüssen. Jedes Mal.

Den Zynismus der letzten Zeilen nennt man bei Twitter Bahn-Bashing. Das ist nicht mehr angesagt. Wenn man sich bei Twitter klagend-sarkastisch abreagiert, kommt müde zurück: »Lass doch das Bahn-Bashing.« Das soll bedeuten: »Tritt nicht jemanden, der schon am Boden liegt.« Oder: »Es ist hoffnungslos, wir kennen das doch alles.« Damit ist es »out«, genauso, wie Lehrer-Bashing, Manager-Bashing oder Verwaltungs-Fax-Bashing zu betreiben. Es hilft nichts, wir müssen in Hoffnungslosigkeit weiterleben.

18.

Über den Umgang mit unwilligen und unfähigen Mitarbeitern

Wenn man im Management etwas grundsätzlich erklären will, zum Beispiel, warum so sinnlos an den Zielen vorbeigearbeitet wird, kommt unweigerlich die entscheidende Frage: »Was sollen wir konkret tun?« Manager brauchen Rezepte, so wie Leute, die noch nicht gut kochen können. Am besten sind Gebrauchsanweisungen, die sehr einfach zu handhaben sind und quick und fix zur Lösung führen.

Ein klassisches Rezept stammt von Paul Hersey und dem Management-Guru Ken Blanchard. Es ist schon gute 50 Jahre alt. Es geht um die »situative Führung« nach dem Reifegradmodell: Man teilt erst alle Mitarbeiter in fähig/unfähig und in willig/unwillig ein und managt sie dann je nach ihrer Art.

Das sieht nicht sonderlich komplex aus, aber eine Führungskraft hat viele Dinge im Kopf und daher Probleme, vier Varianten im Kopf zu behalten und sich vier verschiedene Managementvorgehensweisen zu merken:

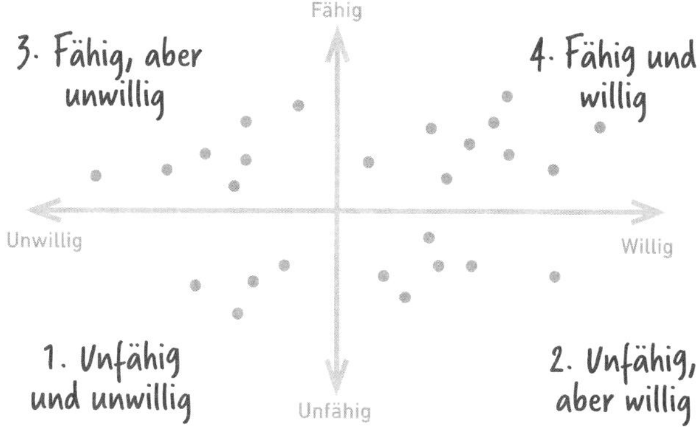

Wie behandeln wir diese vier Mitarbeiterarten?

Beginnen wir unten: Die erste Gruppe braucht genaue, konkrete Arbeitsschritte, die überwacht werden – so, wie die Manager ja auch selbst von weiter oben behandelt werden. Vielleicht spüren Sie den Sarkasmus in der letzten Beobachtung.

Die zweite Gruppe sollte man ausbilden und eng coachen, so denke ich selbst – aber das Reifegradmodell schlägt vor, sie zum kräftigen Anpacken zu überzeugen. Das machen die Unfähigen vielleicht auch, weil sie willig sind, aber was kommt dabei heraus? Wahrscheinlich ist das Reifegradmodell wegen der Ermutigung zum unfähigen Handeln seitdem in Verruf geraten.

Die dritte Gruppe wirkt lustlos und hat vielleicht innerlich gekündigt. Sie hat meist zu viel Mikromanagement erlitten; sie ist das einfach leid und hat es satt; alte Mitarbeiter wollen sich von den jungen Schnöseln, die ihnen vor die Nase gesetzt werden, einfach nichts mehr vorschreiben lassen. Wie sollte man diese führen? Der Chef sollte ihr Vertrauen wiedergewinnen, indem er sie bei Entscheidungen einbezieht.

Und was tun mit der vierten Gruppe? Einfach machen lassen. Sie können und geben alles. Haken dran.

So weit die Rezeptur der situativen Führung. Da die Manager ein Assessmentcenter durchlaufen haben, sind sie in der Theorie selbst als Person fähig und willig. Allerdings wird in Assessments fast nur »willig« im Sinne von »unermüdlicher Einsatz« abgeprüft, was ein allgemein bekanntes Problem erzeugen kann – sorry, was zu einer Challenge herausfordert. Vorsicht vor dem Missverstehen! Eigentlich sind solche einfachen Rezepte gar nicht so schlecht, auch wenn sie bewusst sehr simpel gehalten sind. Nur: Ausreichend-Manager in Ausreichend-Unternehmen können nicht mit komplexen Lehren umgehen, und schon diese einfache situative Führung erscheint zu kompliziert. Hier fällt es mir schwer, gelassen zu bleiben. Dieses Kapitel wird zynisch.

Heute steht das Management mehr denn je unter Quartalsdruck, der vom selben Management als notwendig angesehen wird, um gute Ergebnisse zu erzielen. Unter diesem »immensen« Druck wird schnell und hektisch agiert, weil einfach Zeit fehlt. Situative Führung unter Totalstress sieht nun so aus: Der Manager denkt fieberhaft nach, wie er das Ergebnis verbessern kann. Wie geht er vor?

Die erste Gruppe verbessert oder rettet nichts mehr, im besten Falle schießen die Unfähig-Unwilligen keine großen Böcke. Daher werden sie vom nervösen Ausreichend-Manager nur verbal angeschnauzt, aber eigentlich zornig als unnütze Ressourcen übersehen. Wer zur zweiten Gruppe gehört, zu den Unfähig-Willigen, wird unter Stress absolut nie ausgebildet, so wie der Manager selbst auch nicht. Dafür motiviert man sie immer mal kurz und ermahnt sie zum Tempo, was bei Unfähigen keine so gute Idee ist.

Die dritte Gruppe könnte unter Stress helfen, mag aber nicht unter heroischem Einsatz die Kohlen für den notorisch gestressten Mecker-Chef aus dem Feuer holen. Das weiß der Vorgesetzte, es macht ihn unendlich zornig und ungeduldig. Er hat anderes im Kopf, als das Vertrauen der Fähigen-Unwilligen zurückzugewinnen: »Sie sollen verdammt noch mal ihren Job machen! Diese alten Köppe sind im Gehaltsgefüge ganz oben und warten auf eine fette Rente – und ich?« Die nervöse Wut überträgt sich auf alle anderen. Sie können nur gut arbeiten, wenn der Chef mal Stress-Grippe hat und nur von der Bettdecke mit Mails schießt.

Wir sehen: Bei den ersten drei Gruppen ist der Chef situativ (also in jeder Situation) unfähig und holt absolut kein besseres Quartalsergebnis heraus. Das merkt er natürlich selbst und heftet sich nun an die vierte Gruppe. Diese soll nach der reinen Lehre einfach in Ruhe gelassen werden. Sie wird ohne jeden Einfluss von außen ihre Arbeit sauber, pünktlich, engagiert und professionell abliefern. Aber der Chef braucht ein besseres Resultat! Also hetzt er sie.

Jemand aus der vierten Gruppe berichtete von einer Schlüsselerfahrung mit seinem Management: »Rufen Sie alle ihre Kunden nochmals an, ob sie vor Jahresende noch etwas kaufen wollen!« – »Chef, wir haben alles verkauft, was so geht, der Kunde hat den ganzen Etat ausgegeben.« – »Vielleicht lügt er!« – »Nein, wir haben ein langes Vertrauensverhältnis. Außerdem sind unsere Umsatzergebnisse prachtvoll, finden Sie nicht auch? Bleiben Sie ruhig!« – »Sind Sie sicher, alles herausgeholt zu haben?« – »Ja. Wenn Sie beim Kunden drängeln, wird er merken, dass Sie in Not sind und Rabatte verlangen. Dann säßen wir in der Tinte.« Der Manager dreht schnappatmend ab und kommt nach kurzer Zeit wieder: »Ich will, dass Sie nochmals anrufen.« – »Das machen wir nicht, Chef. Setzen Sie sich einmal hin, wir müssen reden. Der Kunde ist in den letzten Jahren immer wieder kurz vor Jahresende invasiv bestürmt worden, doch noch etwas zu kaufen. Wir konnten ihn bisher beruhigen. Dieses Jahr nicht. Er hat uns gedroht. Er wird unsere fertigen Verträge aus Trotz, nur aus Trotz, erst im nächsten Jahr unterschreiben, wenn wir ihn ab dem vierten Advent nochmals anrufen.« – »Leute, was seid ihr naiv, das ist ein Trick, uns abzuwimmeln! Verkaufen heißt *never give up!* Ruft ihn an. Das ist ein Befehl.« – »Chef, das machen wir nicht.« – »Moment – ich rufe selbst an. Ich zeige es euch.«

Nach einigen Minuten: »Er kommt tatsächlich mit der blöden Tour, erst nächstes Jahr zu unterschreiben, oder er bekommt 10 Prozent Rabatt. Verdammt, das ist eure Schuld! Ihr Idioten!«

Können Sie sich jetzt, während Sie das ohne Stress lesen, vorstellen, was professionelle Topmitarbeiter in solchen Situationen fühlen? Ich sage es Ihnen: Sie wechseln nach und nach in die achselzuckende dritte Gruppe.

Dazu noch ein Beispiel aus einem großen deutschen Softwarekonzern, wieder ein Leserbrief: »Ich arbeitete in einem guten Projekt, das noch sechs Wochen dauern würde. Ich hatte aber intern ein Projekt gefunden, das für mich einen Traum darstellte, mich weiterzuentwickeln. Ich sprach mit meiner Familie, sie stand hinter mir. Ich möchte das alte Projekt zu Ende führen und schon im neuen gleichzeitig mitarbeiten. Ich würde für sechs Wochen 80 Stunden pro Woche arbeiten, für beide Projekte je 40. Diese Arbeit würde ich auf sechs Tage bis Samstag verteilen. Den Sonntag sah ich dafür vor, mich fachlich tief in das neue Projekt einzuarbeiten, um alles Nötige für den Anfang zu lernen. Danach hätte ich mein Traumprojekt! Okay, so habe ich das gemacht. Im Projekt musste ich meinen Arbeitsplan dokumentieren. Wir müssen alle Arbeitsstunden für Kunden in eine Software eingeben, damit dafür Rechnungen geschrieben werden können. Zweimal 40 die Woche. Mein Chef wird jubeln, dachte ich, es reißt seine Zahlen aus dem Keller. Ich freute mich für ihn. Für Sonntag reportete ich acht Stunden Ausbildung. Was geschah? Am Montag kam der Chef und wies mich an, das Reporting zu ändern: Es seien nur vier Stunden Ausbildung pro Woche erlaubt. Ich schaute nach: Es sind 10 Prozent erlaubt, also 8 von 80. Der Chef meinte, dass das System so programmiert sei, dass es nur 10 Prozent von 40 akzeptieren würde, ich müsste es auf vier ändern. Das wollte ich nicht, einfach aus Stolz nicht. Er zwang mich per schriftlicher Aufforderung. Ich werde kündigen.«

Das letzte Beispiel zeigt, dass nicht nur hektische Manager ihre Leistungsträger wie stinkfaule Kinder behandeln, es sind auch die Systeme, die die vierte Gruppe verärgern und verekeln, schließlich bis in die Nähe der inneren Kündigung. »Picasso, deine Pinselführung ist zu erratisch, bitte ändere alles nach den vom KI-Rechner vorgeschriebenen Musterbildern und reiche alles neu ein!« Management und Systeme lassen die vierte Gruppe eben nicht professionell und selbstbestimmt arbeiten.

Fazit: Unser Management weiß sehr wohl, was zu tun wäre. Es ist vollkommen klar, wie die vier Mitarbeitergruppen »situativ« geführt werden sollten. Unter Stress aber, den das Management unbedingt zur Leistungssteigerung erzeugen zu müssen glaubt, behandelt es alle Mitarbeiter so, als ob sie zu den Unfähig-Unwilligen gehören – mit klaren Ansagen, Befehlen, Messungen und Mikromanagement. Daher werden alle so demotiviert, wie es die Unfähig-Unwilligen schon sind. Was für eine gigantische Verschwendung!

19.

Performance-Shaming – über das schädliche »Du Versager!«

Die Psychologie kennt alle möglichen Persönlichkeitsstörungen: narzisstische, depressive, paranoide und viele mehr. Sie schaut aber nur auf solche »Macken« der Menschen, die man als Funktionsstörungen bei der Lebensbewältigung oder bei zwischenmenschlichen Kontakten auffassen kann. Dann sollten sie therapiert werden. Wenn das eigentlich Verrückte aber einer Bevölkerungsmehrheit nützlich erscheint, lassen es die Psychologen in Ruhe. Dann ist es »normal«, also keine Störung. Früher war es normal, Kinder zu züchtigen, das ist jetzt verboten. Jetzt verletzt man sie seelisch mit »Du Versager« in allen Schattierungen und Spielarten. Bei Mitarbeitern will ich das »Performance-Shaming« nennen. Das ist schädlich, weil es Seelen und damit Motivationen in die Tonne tritt. Aber es hat den Vorteil, dass es jeder Ausreichend-Manager ohne besondere Ausbildung sofort beherrscht. Wenn die Ausreichend-Manager in einer Unternehmenskultur eine gewisse Mehrheit haben, ist Performance-Shaming normal.

Der Hang, andere Menschen anhand von Kriterien und Vorschriften zu beurteilen und auch hart zu kritisieren, kann rasch in eine Störung aus dem Bereich der Zwanghaftigkeit übergehen. Diese Attitüde wünscht sich die derzeitige Gesellschaft nicht gerade im Extrem, aber sie widmet sich dem Beurteilen mit einiger Leidenschaft.

Viele Eltern schimpfen über die Schulleistungen ihrer Kinder, um sie dadurch zu verbessern. »Ich will nur dein Bestes, Kind.« Sie setzen das Kind unter Druck. Sie selbst ächzen selbst unter einer drückenden Pflicht, bei ihrer Erziehung Erfolge vorzeigen zu müssen. Sie rechtfertigen ihre Ausreichend-Erziehung so: »Was heißt hier schimpfen! Ich tue doch alles nur, um mein Kind zu motivieren. Man kann mir nichts vorwerfen.« Viele Lehrer demütigen mit dem gleichen Argument ihre Anbefohlenen, vor allem deshalb, um sie zu zwingen, »berechenbar zuverlässig zu arbeiten« (das ist der innigste Wunsch des Zwanghaften). »Ich habe zu viele Schüler, da muss ich Extra-Baustellen der Disziplinlosigkeit kleinhalten, ich kann eigentlich überhaupt keine Unordnung gebrauchen.« Manager erniedrigen Mitarbeiter durch das Abkanzeln in Meetings vor versammelter Front und die zögerliche Gewährung von Gehaltserhöhungen, sie lassen Mitarbeiter nach Beförderungen lechzen. Der Erfolg solcher Methoden liegt für sie selbst auf der Hand, gerade weil sie selbst als Ausreichend-Manager/-Person darunter leiden und stark darauf ansprechen. Hören Sie Ihre Großeltern? »Ich bin oft gezüchtigt worden, es hat mir nichts geschadet.«

Im Gegenteil: Der Schaden ist ungeheuer groß. Natürlich gibt es Leistungsträger, die das ständige Prüfen und Meckern ertragen und die als Vorbild hingestellt werden können. Das vergrößert den Schaden in den anderen Menschen umso mehr. Sie kennen bestimmt solche Sätze aus dem Arsenal des Performance-Shaming: »Nimm dir deinen Bruder zum Beispiel. Was ist bloß mit dir los?« Ich habe auch schon gehört: »Wir könnten dich so sehr liebhaben, wenn du dich nur anstrengen würdest.« Liebe muss bei der Ausreichend-Erziehung verdient werden. Die Eltern leiden selbst unter seelischem Druck: »Aus einem meiner Kinder ist etwas geworden, aus dem anderen nicht viel. Ich trage keine Schuld daran, denn ich habe beide vollkommen gleich erzogen und sie ständig ermahnt.«

Das Kind, das sich Liebe verdienen soll, wird zum Mitarbeiter, der sich Wertschätzung verdienen muss. Aber auch die Leistungsträger kommen nicht ungeschoren davon. Kennen Sie Gebrüll dieser Art aus der Vorstandsetage? »Wer zufrieden ist, lehnt sich zurück! Niemals darf man zufrieden sein! Wer sich zu wenig vornimmt, schafft nicht viel! Zufriedenheit ist Arbeitsverweigerung!«

Viele, die penibel und nicht empathisch andere kritisieren, haben als Kinder diese Haltung von zu strengen Eltern als »Über-Ich« eingeprägt bekommen, weil daheim über strenges Tadeln die Herrschaft ausgeübt wurde. Es gibt verschiedene Unterarten dieses Herrschens: Puritanische, bürokratische und geizige Zwanghafte treiben jeweils ihr spezielles Unwesen, auch solche, die alles gleich haben wollen und nur sich selbst für etwas besser halten. Alle diese können Sie sich sicher fantasiereich ausmalen! Stellen Sie sich vor, wie solche Prachtstücke in den Hauptverwaltungen an neuen Vorschriften oder Sparplänen tüfteln und vor allem alles planen. Natürlich sind wir nicht alle von einer zwanghaften Persönlichkeitsstörung befallen, aber wir machen zu großem Teil bei diesem Treiben mit.

Unsere Gesellschaft spielt leidenschaftlich »Helikopter-Aufsicht« oder »Tiger-Mama« und ignoriert vollkommen, dass es viel mehr Opfer gibt als zählbare Erfolge bei den Ermahnten und Angestachelten.

Wären die Topleute nicht auch ohne Triezen gut geworden?

Wären sie nicht viel besser, wenn man sie vertrauend gefördert und ermutigt hätte? Sie als Leser haben alle diese Erfahrungen mit Ihrer Familie, Ihren Lehrern und Chefs. Denken Sie einfach zurück!

Ich war über lange Zeit Chef, als Professor und Manager. Ich habe so manche »Opfer« aufrichten müssen. Erstaunlich viele leiden unter dem Trauma, endlich das zu erreichen, was ihre Eltern von ihnen erwarteten. Es kam oft vor, dass dafür gänzlich Unbegabte eine Managementkarriere einschlagen wollten, nur um es ihren Eltern schließlich doch noch zu zeigen. Sie versuchten es wie Sisyphos und verkümmerten langsam bei zu langem Misserfolg. Ich kann stundenlang von Fällen wie diesem berichten: Ein Student, der sich bei mir frustriert, lustlos und wenig fleißig jahrelang an einer Diplomarbeit versuchte, weinte sich endlich aus, nachdem er lange Widerstand gegen ein ernstes Gespräch geleistet hatte: Er wisse, dass er es nicht schaffen werde. Er wolle es auch nicht, aber seine Eltern erwarteten ein Diplom von ihm, seine Freundin auch. Ich schaffte es schließlich, dass er mit allen Beteiligten redete. Seine Freundin hatte alles schon lange geahnt und freute sich, dass es endlich Offenheit gab. Sie wollte mit ihm gleich auf die befreiende Jobsuche gehen. Erst nach einigen Monaten ließ sich der Student wieder sehen. Seine Eltern akzeptierten einen Abbruch des Studiums absolut nicht, er würde so lange in der Uni herumhängen, bis seine Eltern einsehen würden, dass ihre Wünsche nicht erfüllt würden. Es war ihm klar, dass ihn seine Freundin bald verlassen würde ...

Kurz: Ich habe so viele Menschen kennen gelernt, die hohen oder ganz falschen Erwartungen zum Opfer fielen.

Wir erzeugen durch das bloße Setzen von Erwartungen und das hartnäckige Performance-Messen einen Minderwertigkeitskomplex in Menschen: »Sie sind noch nicht so weit, befördert zu werden.« Das kommt an als »Wir schätzen Ihren Wert nicht besonders hoch ein«. Es macht Menschen krank, sich täglich im Spiegel der Leistungskennziffern und der verpflichtenden Ziele zu zeigen. Die Aufmerksamkeit richtet sich nur noch auf empfindliche Momente bei der Arbeit, bei denen es negatives Feedback geben kann. Gibt es Tricks, dem entwürdigenden Treiben zu entkommen? Die bald als Loser stigmatisierten »Low Performer« konzentrieren sich auf die Miene und Stimmung der Obrigkeit und versuchen zu antizipieren, ob und wann sie in Gefahr sind.

Verzeihen Sie eine kurze Abschweifung in ein Gebiet, das besser für Sie »sichtbar« ist: Ich möchte einen Vergleich zu einem anderen Lebensbereich ziehen. In der Presse regnet es heute harte moralische Urteile über die Plattform Instagram. Hier präsentieren sich vor allem weibliche Influencerinnen mit Meinungen und neuen Produkten. Sie sind fast alle superchic und wunderbar gestylt. (Männliche Influencer gibt es auch, aber es stellt sich heraus, dass deren Fans nicht so gierig das kaufen, was sie empfehlen. Die besten Werbevereinbarungen gehen daher an Frauen.)

Auf ihre Fans wirken die Influencerinnen mit ihren täglichen Modeaufnahmen wie eine Aufforderung, es ihren geliebten Vorbildern gleichzutun. Es gibt das Wort »insta-fähig«. Normale Nutzer wie Sie und ich fühlen sich unwohl dabei, eigene ganz normale Schnappschussfotos auf Instagram zu publizieren. Nein, das erscheint doch nicht statthaft, es müssen Superfotos sein, eben »instagram-fähige«. Ich dürfte jetzt zum Beispiel nicht einfach ein Foto von mir selbst hochladen: Ich bin nicht so schön, außerdem alt und nur mittelprächtig fotogen. Kurz: Die gefühlte Anforderung der »Insta-Fähigkeit« legt die Qualitätslatte so hoch, dass sich der normale Mensch gegenüber den Influencern klein und hässlich vorkommt. Wir normalen Leute schauen seufzend in den Spiegel: Die Form des Busens, der schüttere Bart, die zu dicke Nase, der geahnte Körpergeruch, ein Leberfleck, die Falten werden zum Zentrum unserer Aufmerksamkeit. »Ich kann mich kaum so sehen lassen.« Die Influencerinnen zeigen uns, wie wir vermeintlich schön werden können. Für jeden Spezialmakel, auf den sie uns hinweisen, kennen sie Abhilfe und Patentprodukte. Wir beginnen, uns besser zu pflegen. Wir schauen als Fans immer öfter in den Spiegel. Wir kaschieren peinlich berührt und lechzen nach einem klitzekleinen positiven Feedback …

»Hey du, sei außergewöhnlich, authentisch und instagram-fähig!« – »Mach 100 Fotos von dir und suche mit Freunden eines aus! Vielleicht ist eines dabei, mit dem du dich sehen lassen kannst!« Es wird klar: Frauen brauchen Kosmetik und Operationen, Männer gestylte Fitnessstudio-Bodys, Eiweiß-Futter aus Eimern und vielleicht Viagra.

Alle brauchen komplett designte outfits, Tattoos, Zahnbleiche, Power-Shot-Drinks und angesagte, »legendary«, »iconic« Sneakers.

Ganze Industrien leben davon. Wir machen uns zunehmend Sorgen um »Insta-Süchtige«, die schön sein wollen, ohne es wirklich zu sein. Besonders Frauen sorgen sich um ihr Übergewicht angesichts der »schönen Magermodels«. Viele entwickeln in der Folge die Störung BDD, die Body Dysmorphic Disorder. Sie leiden darunter, sich minderwertig und hässlich zu fühlen, weil sie sich selbst zu sehr mit den Influencern vergleichen und natürlich »schlecht« abschneiden. Diese BDD-Opfer werden Instagram vermehrt so vorgeworfen: »Instagram treibt Menschen in die BDD.«

Es gibt in diesem Zusammenhang den Begriff »Body-Shaming«. Wenn man unstatthaft von Dicken und Hässlichen redet und insbesondere Personen wegen ihres Aussehens abwertend aburteilt, betreibt man Body-Shaming. Dieses spezielle Beschämen ist heute im Netz streng verpönt und wird natürlich von sadistischen Netztrollen lustvoll betrieben ... Besonders Menschen mit BDD wittern nun überall Body-Shaming und werden empfindlicher. Sie posten bald kein Foto mehr auf Instagram, weil immer ein gewisser Teil der Kommentare Gift auf sie verspritzt.

Können wir uns darauf einigen, dass jungen Frauen der Dauervergleich mit unerreichbaren Idealen nicht guttut? Dass Body-Shaming die nicht so schönen Menschen unendlich schmerzt? Dass die BDD-Gestörten schreckliche Minderheitsgefühle bekommen, weil sie gegenüber den »erwarteten Idealen« so schlecht abschneiden?

Dieselben Mitmenschen, die locker verstehen, was die internalisierte Erwartung der »Insta-Fähigkeit« in Menschen anrichten kann, erheben sich erbarmungslos als Richter über die Performance von Kindern, Schülern und Mitarbeitern. Wer im Unternehmen nicht Leistungsträger ist, darf sich Wasserträger nennen lassen. Über lange Jahre wird der leistungsärmeren Hälfte der Menschen Minderwertigkeit injiziert.

Das organisierte Spießrutenlaufen rund um die Performance ist oft nichts anderes als Performance-Shaming.

Performance-Shaming ist »überall«: Im Elternhaus, in der Schule, bei der Arbeit. Hier wird mit Leistungskennziffern gegeißelt. Der allgemeine Glaube: Jede Woche eine kleine Dosis und der Laden läuft.

Glauben Sie nicht? Jedes Jahr schauen wir gebannt auf den Gallup Engagement Index. Die Ergebnisse sind über die Jahre langweilig ähnlich, es tut sich nichts. 15 Prozent der Mitarbeiter haben innerlich gekündigt, 15 Prozent fühlen sich pudelwohl und engagieren sich, der Rest arbeitet relativ indifferent, also nicht besonders eigeninitiativ. Die Schäden für die Unternehmen sehen als Zahl gigantisch aus, aber – wie gesagt – es tut sich nichts, solange man es normal findet, Performance-Shaming für gute Führung zu halten.

20.

Mangelware BWL-Skills – oder wie sie im Wandel ignoriert werden

Die Überschrift holt mit dem Vorschlaghammer aus und haut drauf, aber ich habe Gründe für diese hammerharte Aussage. Es liegt daran, dass es einen Unterschied macht, ob wir eine Firma auf der grünen Wiese neu gründen oder ob wir sie in ruhigem Fahrwasser seit vielen Jahren leiten und in Gang halten, »wie wir es immer machen«. Ich versuche es zunächst mit Analogien:

Kein Fließbandarbeiter versteht ein Auto ganz, auch kein Ingenieur mehr – alle zusammen als Gemeinschaft schon. Das technische Verständnis ist im Gesamtprozess oder im System. Es gibt einen Prozess, ein neues Auto zu bauen: Entwurf, Design, Test et cetera. Die Kunst der Massenfertigung des neuen Modells ist im System seit Langem etabliert. Der Designer des Autos muss nicht viel von der Massenfertigung, dem Verkauf und der Auslieferungslogistik verstehen.

Und auch beim Catering ist es nicht anders: In dem Prozess vom Gemüsemarkt bis zum essbaren Erzeugnis im »Chafing-Dish« (so heißen die Blechwannen auf dem Buffet) agiert jeder Mitarbeiter wie ein Fließbandarbeiter nach vorgefertigten Teilskripten, keiner hat also Ahnung vom Kochen. Die Kochkunst ist im System, der immer gleiche Geschmack wird durch den Prozessablauf garantiert. Und es gibt einen eigenen Prozess, um ein neues Rezept in die Kette einzufügen. Ein Starkoch implantiert die neuen Fähigkeiten in den Catering-Prozess. Schließlich ist die Massenfertigung von servierfähigen Gerichten ein Skill des Systems und hat sich seit Langem bewährt. Der Starkoch muss nicht viele Catering-Prozessteile verstehen.

Die Unternehmen haben vom ersten Design bis hin zur Massenfertigung und dem abschließenden Verkauf und der Auslieferung bewundernswerte Prozesse geschaffen, mit denen großartige Teams etwas Hochkomplexes abliefern. Der Weg von den Anfängen (wie zum Beispiel die Einzelanfertigung von Autos in einer kleinen Werkstatt) bis hin zur aktuellen Produktionstechnik mit Robotern war lang und reich an neuen Errungenschaften. »Alles läuft wie am Schnürchen.« – »Das Unternehmen funktioniert reibungslos wie eine Maschine.« Wenn alles läuft, braucht man eigentlich keine BWL-Skills mehr. Daher verschwinden diese mit der Zeit. Das System enthält alles Unternehmertum in sich.

Die Prozesse regieren »wie immer«, sie enthalten die Betriebsführung. Wenn das System schwach verändert werden soll, holt man Berater.

Was aber macht ein Autoproduzent, wenn er E-Autos bauen soll? Oder doch lieber Wasserstoffautos? Oder Ammoniak-Motoren, die es schon früher einmal gab? Wer versteht etwas von Batterien und Brennstoffzellen? Was passiert in der Zukunft? Woher beziehen wir die Energie?

Das deutsche Unternehmen Covestro verfolgt Pläne, sich aus Australien per Schiff Ammoniak schicken zu lassen (eine Wasserstoff-Stickstoffverbindung zur Herstellung von Dünger). Der Ammoniak wird aus Luftstickstoff und durch Solarzellenstrom erzeugten Wasserstoff hergestellt; er ist schon bei minus 33 Grad flüssig und ist viel besser zu transportieren als Wasserstoff (Siedepunkt bei minus 253 Grad!). Aus dem flüssigen Ammoniak lässt sich der Wasserstoff wieder zurückgewinnen. Im ökologischen Sinne »Alles grün! Keine Probleme mit Russland oder der OPEC!«

Elon Musk macht immer wieder Schlagzeilen mit Tesla. Ich stelle mir einmal vor, was er sich überlegt haben mag: Er designt ein Elektroauto. Dann muss er auch Batterien bauen. Wo laden die Kunden das Auto auf? In Kalifornien fällt wegen der Waldbrände und der oberirdischen Stromleitungen oft die Stromversorgung aus. Kalifornier wären gut beraten, einen Stromspeicher daheim zu haben, am besten ein Solardach. Das liefert Tesla gleich mit. Der Motor soll nach Musk nicht mehr von Hunderten von Chips gesteuert werden, sondern am besten von einem einzigen Zentralchip, der zur Sicherheit einen Zwilling bekommt. Die Autoteile werden so erdacht, dass sie gleich »plug & play« zum Zentralchip passen. Der Zentralchip wird also mit einem ganz neu entworfenen Betriebssystem ausgestattet, das später auch voll autonomes Fahren ermöglichen soll. Die Autos will Musk nur im Internet verkaufen, er will sich die pompösen Autohäuser mit den Vorführwagen sparen.

So weit der Anfangsgedanke. Wie fängt man an? Es ist noch nichts da. Kein Betriebssystem, keine Zentralchips, kein Fließband, keine Ladestationen-Infrastruktur, keine Stromspeicher für den Keller, keine Vertriebserfahrungen für reinen Internetverkauf. Das alles hat Tesla neu angestoßen – unter dem jahrelangen Lachen der etablierten Autobauer. Sie wussten, dass Tesla über keinerlei gewachsene Systemerfahrung verfügte. In den BWL-Büchern, nach denen ich einst in Göttingen studierte, wurde unter dem Stichwort »Markteintrittsbarrieren« das Beispiel »Auto« als Erstes genannt: Die Barrieren, einen neuen Autokonzern zu gründen, seien so hoch, dass nie mehr neue Wettbewerber in den Markt eintreten könnten.

Nun hat Tesla Maßstäbe gesetzt; die Lernkurve bis zum einigermaßen professionellen heutigen Gesamtsystem hat viele Milliarden Dollar Lehrgeld gekostet. Nun aber hat Tesla niedrigere Produktionskosten, niedrigere Vertriebskosten, viel weniger Teilelogistik, eigene Chips und Batterien und nicht zuletzt ein ganzes Heer von Computerexperten, die am dem Betriebs- und Assistenzsystem arbeiten.

Wenn ich dies alles so ausbreite, finden Leser regelmäßig, ich würde mich als Tesla- oder Musk-Fan outen. Das alles bin ich nicht. Ich warne in Deutschland nur seit Jahren, dass die hiesigen Produzenten »eben nur tolle Autos entwickeln können«, aber eben nicht so einfach das gesamte System auf den Kopf zu stellen vermögen, um mit Tesla mitzuhalten. Sie haben zu wenige Experten für »Elektro« und Batterien und zu wenige Software-Ingenieure. Es gibt kein Betriebssystem, und der Vertrieb ist sehr teuer. Herbert Diess, Chef von VW, erkannte jetzt endlich an, dass die Tesla-Autos jeden Fehler über das Internet an die Zentrale schicken; der Fehler wird dort berichtigt und über Internet in allen Autos korrigiert. Diess sinngemäß: »Und wir bei VW müssen neue Autos über Monate und Jahre testen!« 2021 hat BMW Daimler und VW aufgefordert, sich die immensen Kosten eines neuen Betriebssystems zu teilen – die alten Konzerne merken langsam, warum Tesla so hohe Anlaufverluste hatte, nämlich weil es Zeit und viel Geld brauchte, um alles neu zu lernen.

Die deutschen Autobauer stehen nun vor der Herkules-Aufgabe, ihre Konzerne unter hohen Kosten nach ganz anderen Prinzipien umzubauen. Können das die Zahlen- und Prozesshüter in den Hauptverwaltungen? Jetzt müssen sie ein völlig neues wirtschaftliches Systemkonstrukt entwerfen und allen Ballast (Diesel, Verkaufshäuser, falsche Skills) abwerfen. Können sie das?

Das war jetzt ein ausführliches Beispiel.

Es gibt viele andere:

- **Stromversorger** müssen aus der Kohle aussteigen und auf Wind, Sonne, Wasserstoff umstellen.
- **Banken** müssen ihre Chancen in Internet, Zahlungsverkehr und »Wealth-Management« ohne viele Filialen suchen.
- **IT** geht in die Cloud.
- **Versicherungen** »verschwinden« nach »Online«.

Alle betroffenen Unternehmen müssen sich zum Teil erschütternd brutal wandeln. Können sie das mit den alten Belegschaften und den gewohnten Excel-Tabellen? Als ich bei IBM arbeitete, war der Vertrieb über einen engen persönlichen Kontakt zum hohen Kundenmanagement die tragende Säule des Konzerns – aber »Cloud ist Selbstbedienung«. Seit Jahren stagniert der Umsatz von IBM, obwohl die IT-Industrie im Ganzen boomt wie noch nie. Ich vergesse auch nie, dass ich 2005 bei einer IBM-Kundenveranstaltung sehr schlecht ankam (auch bei der IBM), als ich ein Filialsterben ohne Beispiel vorhersagte und PayPal pries. Gerade eben bekam ich einen Newsletter, dass sich bei den Apotheken bislang ungekannte Eruptionen abspielen. Das alles war seit Langem klar, aber die Hauptverwaltungen können mit ihren alten eingefahrenen Prozessen und Denkweisen keinen Wandel einleiten.

Sie schauen hilflos zu, wie sich die großen Start-ups über Aktienverkäufe Milliarden besorgen und loslegen. So agieren die etablierten Großunternehmen traditionell nicht, auch nicht die in den USA oder in Japan. Sie sind nicht bereit, ihre in früheren Zeiten betriebswirtschaftlich sinnvollen Finanzsysteme umzustellen, die hauptsächlich den Gewinn messen. Start-ups messen vor allem, welche Fortschritte sie bei der »Welteroberung« machen, sie messen, wie viel sie bei der Einführung der Serienfertigung gelernt haben und ob sie die Fähigkeit besitzen, Topleute als Mitarbeiter anzuwerben. Sie konzentrieren sich darauf, das, was sie anstreben, schnellstens zu lernen und schließlich bravourös zu beherrschen. Sie lernen in ihrem neuen Geschäftsmodell all das unter Holprigkeiten und Rückschlägen, was die etablierten Konzerne in ihrer alten Welt perfekt können. Die etablierten Konzerne fahren aber nur stolz mit ihren perfekten Prozessen im Alten fort.

Alte Konzerne sind für das Lernen von etwas ganz Neuem von Grund auf nicht mehr qualifiziert. Sie selbst würden sagen: Sie sind nicht richtig aufgestellt. Dann aber sind sie betriebswirtschaftlich unfähig.

In der alten Buchführungsdenke der prunkvollen Hauptverwaltungen ist Lernen untrennbar mit »Geldverbrennen« verbunden.

Das Schleifen von Machstrukturen scheint undenkbar, obwohl man viel Geld durch Umstrukturierungen im Vertrieb (Bankenfilialen, traditionelle Versicherungsvertreter, Hardware-Verkauf) einsparen könnte. Das Verweigern von Lernen, das Festhalten an unnötigen Strukturen und der Unwillen zum Verändern der Machtstrukturen ist auch aus Sicht der theoretischen wissenschaftlichen Betriebsführung einfach schlechtes Management.

Am Lebensende »igeln Unternehmen sich ein«. Wer berechtigte Kritik an ihnen äußert, bekommt ein Achselzucken zurück. »Warum ist der Zug wieder unpünktlich?« – »Ist halt so.« – »Warum können die Gesundheitsämter nicht am selben Tag die Infektionsdaten melden?« – »Das Fax ist nicht so schnell, der Meldeprozess ist überlastet.« – »Warum arbeiten Sie in der Krise nicht am Wochenende?« – »Warum? Steht nicht im Arbeitsvertrag.« – »Warum wird von Politik und Wirtschaft alles wie ›Ausstieg‹ immer wieder verschoben?« – »Wir sind nicht schnell, aber gründlich; wir sind spitze in der Forschung!« – »Warum gerade da?« – »Da fragt keiner, wie lange es dauert.«

Warren Buffet gilt als Investment-Genie. Er investiert in Firmen, die auf absehbare Zeit nicht in die Zwangslage kommen, sich ändern zu müssen. Er mag solche, die mit ihrer traditionellen Buchführung noch lange weitermachen können, ohne sich bei wesentlichen erzwungenen Veränderungen dumm anstellen zu müssen. Warren Buffet erklärt das selbst viel drastischer:

»I try to buy stock in businesses that are so wonderful that an idiot can run them. Because sooner or later, one will.« [»Ich versuche, Anteile von Unternehmungen zu erwerben, die so wundervoll sind, dass selbst ein Idiot diese Geschäfte betreiben kann; denn früher oder später wird so einer an der Spitze stehen.«]

Und dies sind die fünf größten Investments von Berkshire Hathaway: Apple, Bank of America, American Express, Coca-Cola, Kraft-Heinz (Anfang 2022).

21.

Blindflug inmitten von Fake-Statistik

Zunächst eine kleine Einführung in eine Situation, in der sich herrlich schummeln lässt. Danach erkläre ich, dass Managen mit schlechten Daten einem Blindflug gleicht.

Zur Illustration nehme ich einfach ein konkretes Zahlenbeispiel aus einem Geschäftsbericht, den ich gerade als Aktionär einer kleinen Firma lese. Im Quartalsbericht steht: Umsatz circa 13 Millionen Dollar, Backlog (Gesamtvolumen schon fest abgeschlossener Aufträge) circa 47 Millionen Dollar und Sales-Pipeline 850 Millionen Dollar.

Was ist eine Sales-Pipeline? Das ist die Summe aller Auftragsvolumina, über die gerade bei Kunden verhandelt wird.

Wer verhandelt wann, worüber, wie ernst?

Der Kunde ruft an: »Hallo Vertriebsassistent, wie viel kostet eine Komplettlösung für hundert Standorte weltweit?« – »200 Millionen Dollar, denke ich, mal ganz grob über den Daumen.« – »Aha, danke, dann weiß ich eine Hausnummer.« Der mögliche Kunde legt auf.

Wie wird das verbucht? Das ist die entscheidende Gretchenfrage, denn hier gibt es einen fast beliebigen Ermessensspielraum, der zu vielen Fake-Zahlen führt. Es gibt große Softwarelösungen im Markt, in denen der Vertrieb die Sales-Pipeline erfasst. Es wird gefragt: Welcher Kunde? Welches Volumen hat die Anfrage des Kunden in Dollar? Wie hoch ist die Abschlusswahrscheinlichkeit? Wann erfolgt schätzungsweise der Auftrag?

Ein anderer Kunde ruft an – ein sehr guter und verlässlicher Hauptkunde: »Hallo, wir haben noch 200 Millionen Etat bis zum Jahresende auszugeben, können Sie dafür schnell 100 Anlagen liefern? Wir legen Wert darauf, dass wir die Rechnung noch in diesem Jahr bekommen. Geht das? Können Sie sogar schon sofort das Gröbste anliefern?«

Die letzteren 200 Millionen sind um viele Größenordnungen konkreter als die der ersten Anfrage. Was soll eine kurze Anfrage der Art: »Wie viel kostet etwas bei Ihnen?« Ist das seriös? Wer genau hat angerufen? Ein Journalist?

Wir sehen sofort, dass wir beim Einbuchen von Kundenanfragen die Wahrscheinlichkeit schätzen sollten, mit der ein Auftrag erwartet wird. Die erste Anfrage sollte man am besten gar nicht ins System nehmen, die zweite vielleicht mit 175 Millionen unter geschätzten 80 Prozent Wahrscheinlichkeit. Wir rechnen zusammen: 80 Prozent von 175 Millionen sind 140 Millionen. Da sollte man diese 140 Millionen als »Chance« in die Sales-Pipeline einbuchen.

Die Höhe der Sales-Pipeline ist ein herausragend wichtiger Indikator für die zukünftige Geschäftsentwicklung, aber die einzelnen Zahlen sind eben »geschätzt«, meistens aber »sehr optimistisch« zurechtgeschummelt. Das liegt daran, dass der Vertrieb hohen Stress von oben bekommt, wenn die Sales-Pipeline im System zu kümmerlich erscheint. In Meetings fallen dann Sprüche wie: »Der Kunde kauft doch seit Jahren! Wieso schätzen Sie nur 80 Prozent? Warum nicht 90?« – »Er könnte die Konkurrenz anrufen, wenn wir nicht alles liefern können.« – »Sind Sie so pessimistisch? Wo bleibt Ihr Ehrgeiz? Wir ändern es in 90 Prozent, sonst haben wir zu schlechte Abteilungszahlen.« – »Na gut, aber ich will keinen Stress bekommen, einen Elfmeter verschossen zu haben, wenn sich der Kunde dann doch anders entscheidet.« – »Sind Sie schon wieder negativ? Wir reden hier von Chancen, nicht von Risiken! Ich mag das gar nicht – trübe Leute im Vertrieb, gerade jetzt nicht, wo wir zum Jahresende alles geben wollen. Übrigens: Warum haben Sie 175 Millionen geschätzt, es könnten doch 200 Millionen werden?«

Haben Sie nun ein Gefühl bekommen für die schwammige Qualität der zukünftigen Zahlen, die aber so lebenswichtig sind? In einer großen Firma mit vielen Abteilungen gibt es natürlich Erfahrungen, wie sehr nach oben geschummelt wird. Man vergleicht einfach die Schätzzahlen aus dem frühen Verhandlungsstadium mit den später eingetretenen Fakten. Nehmen wir ein Beispiel: Der Vorstand stellt fest, dass über lange Zeit die Sales-Pipeline 2,5-mal höher war als der tatsächliche Umsatz später. Die Zahlen sind konsistent immer gleich zu hoch eingeschätzt worden. Damit ist eine gute Beurteilung der Zukunft des Geschäftes möglich, obwohl die Leute im Vertrieb immer zu hoch »schummeln«.

Jetzt aber kommt die Todsünde: Ein hoher Vertriebsdirektor ist sehr besorgt, weil die Sales-Pipeline absinkt. Er sieht entsetzt, dass die Umsatzziele für das nächste Halbjahr nur noch schwer zu erreichen sind. Er lädt zum Bereichsmeeting ein und faucht die Vertriebsmannschaft an: »Inakzeptabel!« Im Publikum steht ein erfahrener Verkäufer auf. Er ist zornig und sehr erregt:

»Woher wissen Sie denn so genau, wie der Umsatz in einem halben Jahr sein wird?«

Sie streiten. Dann fallen die todbringenden Sätze: »Weil die Sales-Pipeline zurzeit nur das 2-Fache des geplanten Umsatzes ist, nicht so wie sonst immer das 2,5-Fache.« Alle Zuhörer ziehen erstaunt die Augenbrauen hoch. »Aha, so schätzen die da oben das alles?«

Jetzt schlägt die Bombe ein: Von der nächsten Woche an ist die Sales-Pipeline immer genau das 2,5-Fache des zukünftig geplanten Umsatzes. Denn die schlauen Verkäufer justieren die Zahlen entsprechend. Das kostet viel Zeit und verschwendet viele Meetings. Die Vorhersagefähigkeit des Unternehmens wird unter langen Diskussionen und Fake-Meetings vollständig begraben. Ab jetzt gilt also: Blindflug.

Aus einem Leserbrief: »Wir haben das, was Sie in Ihrer Rede erwähnten, noch getoppt. Wir haben nicht nur Chancen zu hoch eingeschätzt, sondern großartige Geschäftschancen frei erfunden. Der Hauptabteilungsleiter befahl es uns, um Ruhe zu haben. Wir haben viel Zeit damit verbracht, wasserdichte und schlüssige Fake-Kundenanfragen darzustellen. Wir haben in die Excel-Tabelle eine geheime Spalte eingefügt, die nur Eingeweihte sehen konnten. Darin stand, ob dieser Eintrag für die Sales-Pipe Fake war oder nicht. Bis zum Hauptabteilungsleiter hoch wussten alle von uns Bescheid, die darüber natürlich nicht mehr. Damit sind wir gut durch die peinlichen Nachfragen gekommen. Leider haben wir unser Umsatzziel nicht erreichen können. Da wütete der Hauptabteilungsleiter und fragte, wie weit wir mit den Fake-Anfragen wären. Das verwunderte uns sehr, denn die waren ja erfunden, und er wusste es! Er hatte sich aber überlegt, dass die Fake-Anfragen so gut choreografiert wären, dass es doch gut möglich wäre, dass sich die Kunden das, was wir als ihren Wunsch erfunden hätten, tatsächlich kaufen wollten. Der helle Wahnsinn! Erst befiehlt er uns das Faken, und jetzt leidet er unter einer Amnesie. Ist er komplett verrückt geworden? So dachten wir.«

Ich antwortete dem Leser mit einer Gegenfrage: »Merkt das denn keiner in der Hauptverwaltung?« – »Doch, sie haben das Faken schließlich aufgedeckt. Jetzt misstrauen sie dem ganzen Vertrieb. Sie lassen sich alles haarklein dokumentieren und fragen stichprobenartig einzelne Geschäftschancen ab. Sie bohren jedes Mal tief nach, ob alles erfunden ist oder nicht. Das kostet noch mehr Zeit. Wenn wir über ein Projekt einfach einmal nicht gut informiert sind, denken sie beim Nachfragen sofort, dass es erfunden ist. Dann gibt es wieder Meetings. Sie haben bestimmt schon oft gehört, dass sich große Unternehmen vorwiegend mit sich selbst beschäftigen. Da sind wir ganz vorne mit dabei.«

Ein anderes Beispiel: Bei Innovationen sollte der Umsatz am Anfang sehr deutlich steigen, sonst wird das nichts. Wer fast bei null anfängt, muss doch prozentual schnell wachsen. Wenn man aber sagt, der Umsatz würde im ersten Jahr 100 oder 1000 Prozent hochschießen, schauen die Controller erstaunt. So hohe Prozentzahlen halten sie für unseriös. Wenn sie solche Zahlen als Schätzung in ihre Bücher nehmen, müssen sie sie auch so verantworten. Das mögen sie nicht. Da könnte jemand fragen: »Haben Sie tatsächlich eine solche Mondschätzung akzeptiert? Spinnen Sie?« Da faken die Controller lustigerweise nach unten!

Ich steuere dazu ein eigenes Erlebnis bei; es ist schon verjährt, 25 Jahre her. Ich war mit dem Aufbau des Servicegeschäftes in »Data Mining und Business Intelligence« beschäftigt. Wir standen noch ganz am Anfang. Ich erhielt einen Anruf einer weltweit führenden IT-Beurteilungsgesellschaft. »Herr Dueck, um wie viel steigt der Umsatz in Ihrem Segment im nächsten Jahr?« – Ich antwortete: »Keine Ahnung, wir sind erst am Anfang.« – »Sie müssen doch aber ein Ziel haben! Sie können nicht einfach ins Blaue arbeiten.« – »Oh doch, ich kann so gut arbeiten, wie ich kann. Warum soll ich etwas schätzen, was unbekannt ist?« – »Kommen Sie, eine Zahl – bitte. Sie vertreten eine wichtige Firma. Bitte lassen Sie uns nicht ohne eine Aussage.« – »Das ist eine Aussage: Es ist unbekannt.« – »Sie wollen also nicht?« – »Okay, dann will ich es so sagen: Wenn meine Crew hier nicht mindestens den Umsatz verdoppelt, bin ich als Person enttäuscht.« – »Haben Sie 100 Prozent gesagt?« – »Nein, deutlich mehr als 100 sollten es sein.« – »Aber das sagen Sie als Person, nicht als Firma?« – »Was soll das, Sie wollten eine Zahl, also nehmen Sie meinetwegen 100.« – »Die anderen Firmen sagen aber im Mittel 60 Prozent Wachstum voraus.« – »Das ist mir egal, ich bleibe bei 100.« – »Gut, dann muss ich das einmal so hinnehmen.« Etwas gekränkt wurde aufgelegt.

In der Presse stand dann zu lesen: »Das Wachstum in diesem Segment wird fast unisono auf 60 Prozent geschätzt.« Ich wurde auf diese Pressemeldung von einem Topmanager über mir angesprochen. »Sie haben sich nach Ihren Plänen mit ihrer Mannschaft zu 100 Prozent Wachstum verpflichtet. Ist Ihnen klar, was Sie da tun?« – »Nein.« – »Es ist verrückt, weil es unsere anderen Ländergesellschaften unter Druck setzt, die sich ganz solide 60 Prozent vorgenommen haben. Außerdem scheinen 100 Prozent nicht machbar, das ist doch für Sie ein ziemlich hohes Risiko, für Sie als Person meine ich.« – »Aber Sie lieben es doch, wenn man sich viel vornimmt?« – »Na, aber dann landen sie planmäßig in der Nähe der roten Laterne, und wir weiter oben müssen eine Zielverfehlung begründen. Das ist nicht gut, auch nicht für Sie.«

Ich weiß die Zahlen nicht mehr auswendig, weil ich auch nicht dazu tendierte, meine Zeit mit dem Zählen zu verbringen (das war nicht so gut, auch nicht für meine Person, ich weiß). Wir landeten irgendwo zwischen 150 und 175 Prozent, aber überall sonst– wohin man auch sah – lagen unsere Wettbewerber im Markt bei 60 Prozent Wachstum. Was sagt uns das? Die Firmen denken nicht selbst nach; sie entnehmen ihre Ziele der Presse. Ist das so?

Noch ein typisches Beispiel, diesmal aus einem Leserbrief: »Unser Geschäftsstellenleiter bleibt ab Mitte Dezember bis Neujahr stets im Büro. Wir hatten öfter Kundenanfragen, noch in diesem Jahr zu liefern. Das war toll, weil unser Bonus dann höher ausfallen würde. Aber der Boss verbot uns die Abschlüsse und verhandelte mit allen Kunden, alles trickreich ins neue Jahr zu schieben. Er war schon lange dabei, sagte er, er sei ein alter Fuchs. ›Leute, wenn ihr die Ziele plötzlich übererfüllt, fragen sie nach, warum wir den Umsatz am Jahresanfang zu niedrig geschätzt haben. Sie argwöhnen, dass wir nur deshalb zu niedrige Ziele verargumentiert haben, damit wir einen satten Übererfüllungsbonus erzielen. Deshalb werden sie uns bei einer Übererfüllung in diesem Jahr als Rache hohe Mondziele für das kommende Jahr aufbrummen, und dann hängen wir nur noch in Lamentier-Meetings. Ich bin deshalb bis Neujahr da, um den Umsatz langfristig gesund nach oben zu steuern. Ich bewache euch, damit ihr keinen Mist macht. Ich will es so: Wir werden über alle Jahre verlässlich besser – man kann immer mit uns rechnen, sagen sie dann. Wir sind niemals eine Baustelle.‹ Das haben wir verstanden, aber muss ein Unternehmen so ticken, dass es nur noch von Misstrauen getrieben ist?«

Die angeblich so objektiven Zahlen sind viel zu sehr von Wünschen, Hoffnungen, Ängsten und Taktiken verfälscht. Daher muss man die Zahlen professionell »interpretieren«. Ich kenne Controller, die das können. Die anderen fliegen blind.

22.

Wenn der Chef nicht weiterweiß, kauft er sich Beraterscheiß

Oh je, ich weiß: So etwas zu schreiben, ist eigentlich unangemessen hart, vielleicht »voll daneben«. Ich will damit aber nicht sagen, dass Berater generell Unsinn verkaufen, sondern mehr, dass die Kunden der Berater sinnlos viel Geld für Beratung ausgeben, weil sie gerade zu wenig (!) Geld im Unternehmen verdienen und nach Strohhalmen greifen.

Kennen Sie diese frustrierte Äußerung? Ich bis zum absoluten Überdruss:

> Die Beratung war gut, aber sie haben uns mit der Umsetzung im Stich gelassen, da sind wir enttäuscht.

Für diese Aussage wird ein deutsches Spezialwort verwendet, das ich ausschließlich in diesem Zusammenhang kenne: »Es hapert an der Umsetzung.« Man sagt nicht: »Das hat nicht geklappt.« Auch nicht: »Mit der Umsetzung ist es schlecht bestellt.« Manchmal wird sich dann am Kopf gekratzt und schließlich mit bedauernd-entschuldigendem Ton vorgebracht: »Wir haben unsere Hausaufgaben nicht gemacht.«

Und da sind wir wieder beim Ausreichend-Unternehmen. Es hat Nachhilfestunden genommen, die sehr viel Geld gekostet haben, aber die Noten wurden leider nicht besser – immerhin wurde die Versetzung geschafft. Sie kennen das bei allen Neujahrsvorsätzen. »Ich möchte abnehmen!« Dann steht im Raum, die Ernährungsgewohnheiten dauerhaft zu verändern. »Ach nein, ich versuche eine Gurkendiät. Ich habe mir ein Buch darüber gekauft. Da steht drin, dass Gurken fast nur aus Wasser bestehen, und Menschen bestehen auch fast nur aus Wasser, interessant, was? Aber Gurken haben im Gegensatz keine Kalorien, das unterscheidet sie vom Menschen.«

Beratung funktioniert oft so: Es gibt einen neuen Hype, der heißt »Six Sigma«, »Total Quality Management«, »Prozessorientierung«, »Das lernende Unternehmen«, »New Work« oder »Agiles Mindset«.

Das Ausreichend-Unternehmen heuert für eine solche Neuorientierung des eigenen »Mindset« (»Denkweise, generelle Arbeitshaltung«) eine Beratungsfirma an, die sich damit auskennt und dieses nachhaltige und zukunftsweisende Mindset mit den nötigen »Attitudes« (Einstellungen) schon etlichen Kunden beigebracht hat.

Die Beratungsprozedur beginnt mit einer Erhebung des so genannten IST-Zustands, der durch die Beratung in einen SOLL-Zustand übergeführt werden soll. Zum Beispiel: »Ich wiege jetzt 150 Kilo, danach nur noch 90.«

Die Berater geben sich mit der Feststellung des IST-Zustandes erhebliche Mühe. Das hilft allen. Die Berater lernen das Unternehmen genau kennen und bekommen dafür Geld. Für den Kunden ist es wichtig, die Mängel sehr sachlich und ausführlich »von außen« dokumentiert zu bekommen. Meist will das Topmanagement das Ausreichend-Unternehmen in ein Befriedigend-Unternehmen verwandeln, weil das die Presse und danach auch die Aktionäre erwarten. Das Management muss dafür den Mitarbeitern möglichst objektiv unter die Nase halten können, dass alles nur ausreichend oder gar mangelhaft ist.

Nehmen wir also an, das Ausreichend-Unternehmen will ein »learning enterprise«, eine »lernende Organisation« werden:

Zuerst wird der IST-Zustand an etlichen Stellen gemessen, im Falle der Mitarbeiterqualität etwa: technische Skills, Projektleiterfähigkeiten, technisches Wissen über die Produkte, Neugier, Interesse an den Wünschen des Kunden und auch an seiner Person, Empathie, Sinn für »Business« in der Zukunft, Engagement zum Mentoring anderer Mitarbeiter, guter Überblick und Einblick in alle anderen Unternehmensbereiche, persönliche Vernetzung mit vielen

Mitarbeitern auch außerhalb der eigenen Abteilung, generelle gute Orientierung über alles, was in der Welt das eigene Unternehmen betrifft, Interesse und Offenheit für Innovationen, privates Engagement in Organisationen (zum Beispiel VDE oder Gesellschaft für Informatik).

Durch komplexe Umfragen werden dem Unternehmen Noten in allen diesen Teilfragen verpasst. Jede Beratungsfirma hat eigene Skalen, zum Beispiel diese.

Die Stufen der Exzellenz:

- »Noch nie davon gehört!« (noch nicht bewusst damit in Berührung gekommen, »unaware«)
- »Schon davon gehört!« (davon gewahr sein, »aware«)
- »Ich weiß einiges darüber und finde es wichtig.« (Grundkenntnisse, »knowledge«)
- »Ich probiere es schon ein bisschen und schaue.« (Versuche des Lehrlings, »first practice«)
- »Ich wende es in Grundzügen mit Erfolg an.« (Grundfertigkeit des Gesellen, »skill«)
- »Ich bin Experte und wende es professionell an. Alles klappt.« (Meisterschaft, »mastery«)
- »Ich bin ein Guru oder Maßgebender auf dem Gebiet, ich verbreite die Lehre und erweitere sie. Ich zeige die Erfolge. « (führender Experte, »world class«)

Was kommt in unserem Mitarbeiterbeispiel heraus? Fast jedes Mal? Die technischen Skills und Produktkenntnisse sind allgemein zwischen dem Gesellen und Meister angesiedelt, alles andere ist sehr mau. Das heißt: Jeder Mitarbeiter versteht das, was er in den Händen hat und vor sich sieht; er kümmert sich sonst um nicht viel mehr. Dieses andere aber braucht es, um eine »lernende Organisation« oder ein »agile Enterprise« zu werden.

Dieses Ergebnis hat das Topmanagement erwartet. Verstehen Sie? In Worten: Es hat dieses Ergebnis erwartet! Im Klartext: Es ist bisher nichts geschehen.

Nun geht es an die Umsetzung. Die Berater haben dazu Hunderte von PowerPoint-Folien auf Lager, wie die ideale lernende Organisation aussehen soll. Es gibt sehr viele Bestseller von Gurus der Stufe 7. Ich warne oft, dass solche Bücher eben nur konsumiert werden, so wie »Business-Pornografie«. Stufe 7 ist viel zu weit von der Lehrlingsstufe entfernt.

Das Hauptproblem ist es, den Mitarbeitern einen Sinn dafür zu vermitteln, dass ihr Blick über den Tellerrand hinaus schweifen muss – in die Zukunft und ins fachliche Umfeld. Das sehen sie aber nicht ein. »Wir sind laut Studie in technischen Skills und Produktkenntnissen okay, was wollt ihr noch? Wir arbeiten unter Überstunden und Druck! Sollen wir jetzt Kaffeekränzchen machen, oder was meint ihr mit Vernetzung? Übrigens: Uns interessieren die anderen Abteilungen absolut nicht, im Gegenteil; die arbeiten gegen uns.«

Das aber ist genau das Mindset eines Ausreichend-Unternehmens, das nun eine »lernende Organisation« werden soll. Das Management dringt in der Regel mit Appellen und Reden nicht durch, nach langen frustrierenden Versuchen schiebt es die Schuld auf die Berater. »Die Gurkendiät hat nichts gebracht.« Die Berater verweisen darauf, dass die Hausaufgaben des Unternehmens weitergeführt werden sollten, da nur Nachhaltigkeit in den Bemühungen helfe. Hilft nichts: Alles versandet.

> Es ist nichts geschehen, außer dass man den Ist-Zustand und den Wunschzustand in PowerPoints gegossen hat.

Nach einigen Jahren kommen neue Manager. Die sehen, was zu tun ist. »Wir müssen eine lernende Organisation werden. Wir müssen endlich unsere Hausaufgaben machen. Wir müssen aufhören, wie ein Ausreichend-Schüler zu agieren.« Das hören die Mitarbeiter: »Lernende Organisation? Das hatten wir schon, so ein Quatsch.« Sie kennen es in einer anderen Version: »Eine Gurkendiät hatte ich schon. Hat nichts gebracht. Das versuche ich nie mehr.«

Das neue Management fragt Berater. Diese kennen exakt diese Problematik schon lange. Ihnen ist klar, dass sich die »Learning Organization« totgelaufen hat. Es haperte bei der Umsetzung. Daher haben sie jetzt das »Agile Enterprise« im Beratungsportfolio, es entspricht einer Soja-Quinoa-Diät. Es ist wichtig, jede neue Beratung unter einem neuen Hype-Label zu geben und auch zu kaufen.

»Ah, das könnte gehen! Agil bedeutet ja, neugierig darauf zu sein, was der Kunde und die anderen Abteilungen brauchen und wünschen. Agil heißt, man muss aufeinander zugehen und voneinander lernen. Ja, das trifft es viel besser als lernende Organisation, das haben uns mal steinalte weiße Männer hier wie Brot von gestern andrehen wollen. Agil klingt sexy.« Die Berater nicken. »Das machen jetzt alle. Es ist geradezu notwendig und verpflichtend.« Das Management schaut nach, wie viel Geld es noch hat. Es muss sein. Sie fragen den Berater: »Was halten Sie von Systemic Coaching? Das wird uns von anderen Beratern angeboten.« – »Oh, das ist in unserem Agilitätsprojekt komplett mit drin. Moment, wir haben die Anforderungen irgendwo niedergelegt, ich zeige sie Ihnen.«

(Die hat ein Werkstudent sehr schön formuliert, der als Berater eingestellt werden wollte.)

Der Berater zieht ein Dokument aus seinem Pilotenkoffer: »Ah, hier habe ich die Liste, nach der wir Agilität untersuchen: »technische Skills, Projektleiterfähigkeiten, technisches Wissen über die Produkte, Neugier, Interesse an den Wünschen des Kunden und auch an seiner Person, Empathie, Sinn für »Business« in der Zukunft, Engagement zum Mentoring anderer Mitarbeiter, guter Überblick und Einblick in alle anderen Unternehmensbereiche, persönliche Vernetzung mit vielen Mitarbeitern auch außerhalb der eigenen Abteilung, generelle gute Orientierung über alles, was in der Welt das eigene Unternehmen betrifft, Interesse und Offenheit für Innovationen, privates Engagement in Organisationen (so wie VDE oder die Gesellschaft für Informatik).«

»Das hört sich toll an, ja das nehmen wir. Und was hat das mit Systemic Coaching zu tun?« – »Sie sehen doch, dass die Agilität ein neues Mindset erfordert, wodurch sich das Unternehmenssystem systemisch verändert.« – »Aha, ich verstehe. Dann sind diese

Ansätze ähnlich?« – »*Agile* ist jetzt *mandatory*, auch deshalb, weil wir den Erhebungsprozess genau dokumentieren, damit der Wert Ihrer Ausgaben für uns transparent ist. Reine Systemische Coaches sind mehr so etwas wie Psycho-Therapeuten, davon raten wir ab.«

Das Schreckliche ist: Der Berater glaubt, was er sagt. Er ist in der Regel noch nicht lange dabei. Er wird später aus der Beratung ausscheiden und seine Karriere als Vice President in einem Konzern fortsetzen. Hier kauft er wieder Beratung ein, am besten bei seiner alten Beraterfirma. Er merkt immer noch nichts.

Ich verrate die nackte Wahrheit: Das Problem ist immer dasselbe, egal wie es benannt wird.

Es geht darum, dass sich ein Ausreichend-Unternehmen partout nicht ändern (lassen) will. Welch eine Verschwendung! Und keiner merkt, dass es immer um dasselbe geht, wenn – so sagt der Genervte – die Berater wieder einmal eine neue Sau durchs Dorf treiben und alten Wein in neuen Schläuchen verkaufen.

23.

Arbeitsunterbrechungen, Flow-Erlebnisse und verschiedene Hirn-Modi

Es gibt Arbeiten, die eine volle Hirnleistung verlangen. Leute verstehen das nicht, wenn sie in Jobs tätig sind, die keine so harten Bedingungen stellen. Solche Verständnislosen haben keinerlei Scheu, Mitarbeiter zu unterbrechen, die sich im Zustand äußerster Konzentration um Problemlösungen bemühen. Ich spreche hier von mindestens 10 Prozent der Topexperten-Arbeitszeit, die in die Tonne geht. Ich begründe es überall und immer wieder, aber es scheint zu schwer zu verstehen zu sein, wenn Leute ihr Gehirn nie am Anschlag benutzen müssen, wie etwa Manager oder Leute im Vertrieb.

Auf der anderen Seite: Wenn Topexperten anderen Leuten etwas erklären wollen, werden sie unwillkürlich so komplex, dass sie vom Zuhörer die volle Hirnleistung verlangen, wozu dieser nicht vorbereitet ist und aus seinem Job heraus auch keine Veranlassung sieht. Wenn Techies etwas erklären, rollen die anderen mit den Augen und schauen auf ihre Smartphones, drehen Däumchen und hoffen, dass es bald aufhört.

Was ich mit »voller Hirnleistung« meine, erkläre ich am besten mit Computer-Analogien. Ihr Rechner (oder Phone) arbeitet an vielen Aufgaben gleichzeitig. Er sendet und empfängt Mails, verarbeitet Zahlen in Tabellen, berichtigt Ihre Texte beim Schreiben, meldet Updates und führt sie durch, schaut, ob Sie Messages per WhatsApp bekommen und schafft an vielem mehr, was Sie vielleicht nicht einmal wissen (das Betriebssystem enthält das Unbewusste des Computers, und wenn viele dasselbe Betriebssystem nutzen, das kollektive Unbewusste). Kurz: Computer sind virtuos im Multitasking.

Wer sich aber auf ein schwieriges Problem konzentriert, vermeidet Multitasking wie die Pest, er nutzt sein ganzes Hirn ausschließlich für diese eine einzige Aufgabe und sonst nichts.

Meiner Mutter konnte ich das nie erklären. Stellen Sie sich vor, ich lese für das Gymnasium ein kompliziertes Kapitel in einem Physikbuch. »Gunter, hol mal schnell Petersilie aus dem Garten!« – Ich knalle das Buch wütend hin. Mein Hirn ist aus dem Konzentrationsmodus raus. Ich renne in den Garten, werfe meiner Mutter zornig die Petersilie in die Küche und renne in mein Zimmer, damit ich schnell wieder Anschluss finde. Leider ist mein Hirn wütend und wegen des Rennens in keinem echten Ruhezustand mehr. Ich muss mich neu konzentrieren. Das dauert! Alle bekannte Wissenschaft rechnet mit 20 Minuten »Wiederreinkommen«. Da ich aber weiß, dass ich in einer halben Stunde wohl zum Essen gerufen werde, hat es wohl keinen Sinn mehr. Ich vertrödele die Zeit und bleibe wütend. Beim Essen: »Gunter, ich habe um einen Gefallen gebeten. Petersilie für die Salzkartoffeln zu holen, dauert eine Minute. Ist das zu viel verlangt?«

Oder, ebenfalls ganz alltäglich: Wir kommen aus dem Möbelhaus, in dem wir ein komplexes Teil gekauft haben, das sich meine Familie »schnell mal« aufgebaut wünscht. Ich sortiere die Dübel und Schrauben und gehe hyperkonzentriert an die lange und nicht gerade selbsterklärende Aufbauanleitung. Mein zum Platzen angespanntes Hirn ist nahe daran, alles zu verstehen. Ein Kind kommt: »Papa, Mama fragt, ob du zwei oder drei Tassen Kaffee willst.« – »Zwei, lass mich kurz in Ruhe!« – »Du hast noch gar nichts aufgebaut, ich dachte, du bist schon fertig, Papa.« Meine Reaktion: Ich versuche es mit einem lauten Urwaldbefreiungsschrei wie Tarzan.

Es ist allgemein bekannt, dass Schreiben, Programmieren oder das Knacken mathematischer Probleme die volle Hirnkapazität erfordern. Vielleicht scheitern so viele Studenten der »harten Fächer« gerade daran, dass sie sich nicht voll konzentrieren (können), also von außen so aussehen, als wären sie abwesend – in anderen Sphären, sagen Beobachter. Das Allerschlimmste in solchen Momenten absoluten Fokus ist es, wenn ein Vorgesetzter hereinkommt und fragt: »Wie weit sind Sie?« Die Verzweiflung, nicht nur abgelenkt, sondern genervt und vielleicht implizit getadelt zu werden, regt so sehr auf, dass 20 Minuten nicht reichen, um sich wieder zu versenken.

Bei vollem Fokus arbeitet bitte nur das Hirn! Da darf nicht noch zusätzlich der Körper beleidigt sein.

Ich erkläre es noch einmal wissenschaftlich, mit einer groben Schubladeneinteilung. Sie können sich fürs Erste detaillierter bei Wikipedia unter Elektroenzephalografie oder kurz EEG einlesen. Beim EEG misst man Hirnwellen. Je nachdem, ob man wachträumt oder im Meeting sitzt, arbeitet das Hirn mit verschiedenen Frequenzen. Ganz grob hier:

- **Deltawellen (sehr niedrige Frequenz):** Tiefschlaf, »junge Babys«
- **Thetawellen (niedrige Frequenz):** Kreativität, Konzentration, »Schweben in anderen Welten«, Lernen, Meditation
- **Alphawellen (normale Frequenz):** Entspannt, eher nach innen gerichtete Aufmerksamkeit, Lernen, auch unbewusstes Lernen
- **Niedrige Betawellen:** Entspannte, nach außen gerichtete Aufmerksamkeit, gute Aufnahmefähigkeit, Lernen
- **Mittlere Betawellen:** Hellwach, in einem anderen Sinn im Englischen *alert*, erhöhte nach außen gerichtete Aufmerksamkeit, hohe analytische Intelligenzleistung
- **Hohe Betawellen:** Hektik, Stress, Überaktivierung, hoher »Arousel«, Gedanken springen hin und her

Wenn mich meine Mutter mit Petersilie ärgert, zwingt sie meine Aufmerksamkeit nach außen, mein Hirn geht von Theta-Alpha auf Beta über. Dasselbe geschieht bei »harmlosen« Unterbrechungen beim Möbelaufbau. Zusätzlich – und das passiert beim »Wie weit sind Sie?« des Chefs besonders heftig – wird das Hirn wütend über die Unterbrechung und geht in hohe Betawellen über; es ist »erregt«. Wenn ich nun wieder weiterarbeiten möchte, muss mein Körper das Adrenalin abbauen und wieder in den Theta-Alpha-Bereich wechseln. Das geht aus biologisch-physiologischen Gründen nicht so schnell. Ich kenne innere Wutattacken oder Frustrationen, die einen ganzen Tag anhalten – von wegen 20 Minuten! Am nächsten Morgen ist die Körperphysiologie wieder okay.

Deshalb – so wissen wir – soll man in hohen Betazuständen die Klappe halten und »drüber schlafen«.

Ganz grob: Experten arbeiten eher im Theta-Alpha-Modus, Manager im Zustand Beta-Alert (aufmerksam, wach und wachsam). Wenn es im Meeting Streit gibt, herrscht ein hoher Betazustand – es geht hoch her. Das ist für Manager noch normal, für Experten die Hirnhölle. Umgekehrt regen sich Manager auf, wenn sie Techies »rumsitzen sehen«.

Eine Anekdote: Ich treffe unten im Erdgeschoss am Kaffeeautomaten zwei hochdekorierte Topexperten der Firma. Wir kommen ins Reden, tauschen uns aus, erkundigen uns nach Neuem. Neben dem Kaffeeautomaten stehen billige Plastikstühle, auf denen wir uns leger hinhängen. Ein hoher Manager kommt zum Automaten, sieht, dass wir im Theta-Alpha-Modus entspannen, und schaut uns, während sein Kaffee in den Becher läuft, etwas pikiert an. Wir unterbrechen kurz das Gespräch, setzen uns wegen des Anzugträgers etwas gerader hin und warten, bis er weg ist. »Okay, Mama ist weg, machen wir weiter!«, hieß das als Kind. Zurück zum Automaten: Wir sind fast selig, uns weiter auf höchstem Level austauschen zu können. Noch ein Kaffee, noch eine Stunde vergeht wie im Flug (»Flow« sagt die Psychologie). Da kommt der Vice-President nochmals zum Automaten. Diesmal ernten wir einen Blick der Art »Ist öffentliches Faulenzen erlaubt?« Sein Blick ist wie eine Ohrfeige. Unser Gespräch verstummt. Einer sagt: »Wir sollten vielleicht wieder was schaffen ...« Wir stehen auf. Die Stimmung ist komplett hinüber, wir sehen keine Chance mehr, gleich entspannt weiterzureden.

Ganz pauschal gilt folgende Zuordnung, hier auf engem Raum zusammengefasst:

- **Kreativität** verlangt Alpha-Theta.
- **Kundengespräche** erfordern Kunden in niedrigem Beta-Zustand.
- **Managermeetings** finden im Zustand »Beta-alert« statt.
- **Zahlenergebnismeetings, auch Mitarbeiterfeedbackgespräche** finden oft unter hohem Arousal (= Grad der Erregung des Nervensystems), also unter hohen Betawellen statt, wie es in Prüfungen die Regel ist.

Im Vertrieb ist jedem bekannt, dass man mit Kunden im niedrigen Betabereich reden sollte. Der Kunde muss in Stimmung gebracht werden – man lädt ihn zum Essen ein. Was macht das Management? Es findet das Essen zu teuer und verlangt Gespräche per Zoom. Das ist dumm. Der Vertrieb wiederum ruft hochkonzentrierte Techies wegen »Petersilie« an: »Wissen Sie, wo man Prospekte ...?« – »Können Sie das nicht per Mail anfordern?«, schnaubt der um die Konzentration Gebrachte. Typische Vertriebsantwort: »Smartphone ist viel schneller, ich schreibe nie Mails.«

Ich kenne Schriftsteller mit »Schreibtagen«, an denen sie alles ausschalten, weil sie nur »im einsamen Turm« etwas leisten können. Ich kenne noch mehr Experten, die ein Zahlenergebnismeeting so belastend finden, dass sie an dem Tag bis zum Meeting nichts Vernünftiges arbeiten können und danach noch weniger.

Wollen Sie sich einmal klar bewusst machen, wie viel Zeit in die Tonne getreten wird, weil es keinerlei Aufklärung über verschiedene nötige Arbeitsstimmungen und die entsprechende Berücksichtigung im Arbeitsalltag gibt? Ich kann das hier auf ein paar Seiten einfach erklären – warum geht das nicht glatt in jedes Hirn, warum geht kein Licht auf?

Es liegt daran, dass wir nie lernen, die Hirnwellennotwendigkeiten anderer Berufe und Tätigkeiten zu respektieren. Nehmen wir an, Ihnen wird das Herz verpflanzt und Sie sehen hinterher das Video von ihrer OP. Gerade in einer heiklen Phase ruft das Kind des Chirurgen an und fragt, ob es noch bis acht Uhr mit Freddie spielen darf – und er antwortet kurz. Da würden Sie schnauben! Aber so etwas geschieht jeden Tag in harmloseren Situationen. Harmlos oder nicht: Dieses ignorante Nichtverstehen kostet jede Menge Zeit und Qualität (manchmal auch Leben).

24.

Wie Grundvertrauen zu Grundmisstrauen mutiert und alles lähmt

Mit der Zeit hat das Effizienzstreben das Management rücksichtsloser gegen Mitarbeiter gemacht. Diese Entwicklung läuft schon, seit ein weithin missverstandenes Lean-Management-Konzept Mode wurde und Outsourcing nach Osteuropa und Asien betrieben wird.

»Mitarbeiter, ihr seid schlicht zu teuer.« Das ist wohl wahr, wenn wir die Löhne und Gehälter hier und da vergleichen. Aber die Mitarbeiter sind nicht so dumm, dass sie die Implikationen der Globalisierung für sich selbst nicht erkennen würden. Ihrem Unternehmen soll es gut gehen, damit es ihnen gut geht. Die Eigentümer aber neigen dazu, die harten Konsequenzen des nötigen Wandels einseitig den Mitarbeitern aufzubürden. »Jeder muss einen Beitrag leisten«, heißt es fast unisono bei Widrigkeiten in schwierigem Umfeld – mit einer wichtigen Ausnahme: Der Aktienkurs muss steigen!

Was vom Management als innovativ oder segensreicher Wandel verkauft wird, enthält deshalb immer auch eine bittere Pille für die Arbeitenden. Das merken sie mit der Zeit und ändern ihre Haltung. Das Grundvertrauen treuer Mitarbeiter geht in Grundmisstrauen über:

> »Wandel ist immer schlecht, das wissen wir aus langer Erfahrung.«

Es war nach der überstandenen Finanzkrise, ich erinnere mich genau. Ich war zu einem Vortrag bei einem Innovationstag eines großen Mittelständlers eingeladen. Der Unternehmer erschien persönlich und ließ sich alle Ideen seiner Mitarbeiter vorführen. In seiner Ansprache erwähnte er dies (ganz kurz wiedergegeben): »Die Finanzkrise war eine Katastrophe für uns. Ich musste mich vor meine verzweigte Eigentümerfamilie stellen und verkünden, dass es für sie erst einmal keine Dividende mehr geben wird und dass ich auch keinen Mitarbeiter entlasse. Es war nicht ganz einfach für mich, das zu vertreten. Verstehen Sie mich? Nun brummt das Geschäft wieder, und ich freue mich, dass Sie alle noch da sind. Ganz ohne Härten ging es auch für Sie nicht ab – aber ich denke, wir haben das wie eine große Familie hinter uns gebracht. Danke! Lassen Sie uns frohgemut weiterarbeiten.«

Was spürte ich bei diesem Event? Immenses Grundvertrauen.

Andersherum (woanders geschehen und berichtet) spricht der CEO zu seinen Mitarbeitern so: »Unser Unternehmen hatte sehr ehrgeizige Gewinnziele für das Geschäftsjahr 2008 angekündigt. Als am 15. September ein ökonomischer Weltuntergang drohte, weil die Investmentbank Lehman Brothers zusammenbrach, haben wir trotzdem eisern an unseren Zielen festgehalten und am Ende noch 5 Prozent mehr Gewinn gemacht, als wir uns ursprünglich vorgenommen hatten. 5 Prozent mehr, als wir uns erträumt hatten! Darauf können wir extrem stolz sein. Das ist auch Ihnen, liebe Mitarbeiter, zu verdanken, die Sie große Opfer bringen mussten.« – Ein Mitarbeiter kommentiert das: »Wir hatten natürlich verstanden, dass es uns die Finanzkrise nicht leicht macht. Wir haben es hingenommen, dass die Gehaltserhöhungen ausfielen. Aber ist es nötig, mehr Gewinn zu erzielen als geplant? Wäre nicht auch ein Minus von 5 Prozent bei der Zielerreichung vollkommen in Ordnung gewesen? Wozu haben wir uns zwei Beine ausgerissen, nur damit die Unternehmensführung stolz ist? Bekommen wir nun 2009 bessere Löhne?« – »Nein, wir sind immer noch in einer schwierigen Lage. Ich denke, wir gehen erst später wieder zu normalen Steigerungen über. Jetzt darüber zu reden, passt nicht in diese Zeit. Wir müssen weiter vorsichtig sein und weitere Einsparungen andenken.«

Was passiert mit vielen Mitarbeitern bei einer Auslagerung ins Ausland? Oder wie verfährt man zum Beispiel mit Diesel-Ingenieuren? Was, wenn die neuen IT-Leute für autonomes Fahren gegen Google und Tesla nicht ankommen? Was geschieht, wenn der Trend gar nicht zu Batterien geht, sondern zu Brennstoffzellen? Was geschieht mit Kraftwerken, wenn grüne Energie und Stromspeicher Einzug halten?

Könnte man die Grundbücher nicht wie Bankkonten digitalisieren und die ganze Verwaltung auf einige Klicks reduzieren? Dann würden so viele Beamte wegfallen ... Kann man nicht ohnehin die Behördenverwaltung digital eindampfen?

Das sind die Fragen, die die Betroffenen bewegen. Sie ahnen aber auch, dass man sie im Stich lassen wird. Daher blockieren sie Innovationen und Zukunftsanstrengungen. Sie wollen das Glück der Welt nicht allein bezahlen.

Die Führung aber kümmert sich um solche Sorgen wenig. Sie redet am besten nicht darüber. »Was der Mitarbeiter nicht weiß, macht ihn nicht heiß.«

Bei einer Veranstaltung einer Bank mit vielen Zweigstellen sprach ich die Online-Konsequenzen an. Danach hieß es: »Das war alles richtig, aber es war doch nicht nötig, das zu erwähnen. Wir müssen jetzt nach Ihrer Rede alle wieder einfangen. Keine Sorge, wir haben schon alles im Plan; die Mitarbeiterschaft ist planmäßig überaltert und schrumpft erfreulich, alle Neuen bekommen Zeitverträge. Wir managen erfolgreich, dass die Bank dabei gut gedeiht.«

Wenn das Management derart laviert und wenig Klartext spricht, wissen die Mitarbeiter nicht, was über ihnen schwebt. Ich höre so oft Fragen wie diese: »Wissen die da oben eigentlich, was los ist? Checken die was? Was haben sie mit uns vor? Spielen wir eine Rolle? Wirft man uns weg?«

Nur keine schlafenden Hunde wecken, heißt es im Ausreichend-Management. Die Mitarbeiter aber schlafen absolut nicht. Sie wittern die Gefahr, aber sie bekommen keine ehrlichen Antworten. »Wird es uns an den Kragen gehen?« – Antwort: »Wir sind zuversichtlich, dass wir den Gewinn weiter steigern. Machen Sie sich keine Sorgen – gute Leute brauchen wir immer. Außerdem ist unser Unternehmen so außergewöhnlich gut, dass sich andere Firmen nach denen, die uns verlassen möchten, geradezu die Finger lecken.« Dieser Code will sagen: »Wenn Sie gehen wollen – wir halten Sie nicht.«

Sollen sich Mitarbeiter in dieser stressig-nervigen Lage weiterbilden, die Beine ausreißen, zu Kunden freundlich sein? Sie kündigen innerlich und lassen nach, weil sie das Vertrauen verloren haben, dass man in ihnen oder für sie eine Zukunft sieht. Jede Ankündigung irgendeiner Veränderung lässt sie tief misstrauisch zusammenzucken. Gerüchte schwirren durch die Belegschaft. »Die da oben werden doch nicht …?«

Jemand schrieb mir erbost: »Ich habe eine größere Weiterbildung abgelehnt, weil man mir für die höhere Qualifizierung keinerlei Weiterkommensversprechungen machen wollte. Ich blocke jetzt. Ich denke nicht daran, die Gier der Firma zu unterstützen. Wenn ich das Zusatzzertifikat habe, bezahlt der Kunde für mich einen höheren Tagessatz. Und ich soll nichts davon haben? Nicht mit mir.« – Ich riet erfolglos, jede Weiterqualifizierung mitzumachen – sicher sei sicher, oder nicht? »Wenn ich die Zertifizierung nicht mache, muss der Kunde nicht so viel bezahlen. Da er weiß, dass ich gut bin, freut er sich, dass ich gut und billig bin. Da macht die Arbeit mehr Freude, weil ich geehrt werde und nicht verbrannt.«

Mitarbeiter »machen nicht mehr mit« oder betreiben egoistische Selbstoptimierung, wenn sie das Vertrauen verloren haben. Sie sind nie mehr im Flow, weil sie stets »alert« oder wachsam sind: Hecken die da oben wieder etwas aus? Haben sie nicht neulich jemandem gekündigt, der einen kleinen Fehler in der Reisekostenabrechnung hatte?

Im »Must read«-Buch *The Trusted Advisor* schlagen David Maister, Charles Green und Robert Galford eine Formel für Vertrauenswürdigkeit vor.

$$\text{Vertrauenswürdigkeit} = \frac{\text{Glaubwürdigkeit} + \text{Zuverlässigkeit} + \text{Vertrautheit}}{\text{Selbstorientierung}}$$

Diese Formel sieht plakativ aus, sie ist natürlich nicht »exakt«; sie enthält aber viel Weisheit. Wir vertrauen anderen, wenn sie glaubwürdig und zuverlässig sind und wenn wir eine gute Beziehung zu ihnen haben. Diese Werte schätzen wir, aber nicht den Egoismus des anderen, der die Vertrauenswürdigkeit enorm einschränkt.

Denken Sie sich kurz in die Terme der Formel hinein. Fragen Sie sich, ob Versicherungsvertreter glaubwürdig sind ... Wie steht es mit Politikern und Journalisten? Oder bei der Bank? Die Banken waren einmal absolut glaubwürdig und zuverlässig. Heute aber haben sie ihre Selbstorientierung hochgefahren, sie verkaufen uns »Produkte« und rutschen in unserer Wahrnehmung zu den niedrigen Vertrauenswerten der Versicherungsagenten hinab, wo die Politiker, Werbetreibenden und Journalisten auch bald stehen. Kennt die katholische Kirche diese Formel nicht? Sie verliert ihre Glaubwürdigkeit, durch die großen Seelsorgeeinheiten auch die Vertrautheit, und sie dreht sich um sie selbst.

Die Selbstorientierung hat in weiten Teilen unseres Lebens zugenommen. Im Internet sind die vertrauenswürdigen Inhalte nur schwer zu erkennen – hinter so vielem kann ein heimliches Interesse stehen.

Daher stehen wir heute den Vorgesetzten, unserem Arbeitgeber, ja, auch den um Rabatt hart zockenden Kunden zunehmend misstrauend und mindestens kritisch gegenüber. Wir sind allen gegenüber wachsam, wo wir eigentlich achtsam sein sollten. Als ein General Manager in Pension ging (das war etwa 2005; schon lange her) und ich mich von ihm verabschiedete, schaute er sinnend drein: »Früher waren wir alle Freunde. Wir kannten unsere Kunden und handelten faire Bedingungen aus. Es war ein Geben und Nehmen. Irgendwann riss es ein. Es kann der Dotcom-Crash gewesen sein oder der September Eleven, ich weiß es nicht.

Nun feilschen wir, bis jeder Glanz aus unseren Augen verschwunden ist.

Von manchen Kunden fühle ich mich eigentlich übers Ohr gehauen; es ist nicht okay, was sie mit uns mit den Ausschreibungen veranstalten. Unsere Vorgesetzten springen mit uns um, wie sie wollen. Ich habe diese Entwicklung schon länger kommen sehen. Wir alle werden streng besehen fast zu Feinden. Ich habe lange gedacht, dass es eine zeitliche Ausnahmewelle ist. Ich hatte Hoffnung, dass es sich wieder einrenkt. Jetzt bin ich froh, in Pension gehen zu können. Ich sehe nicht, dass es je wieder aufhört. Wir sind alle Getriebene.«

Und ich frage: Was kostet all das Misstrauen? Wir verschwenden unsere Zeit mit Verhandlungen und Nachverhandlungen. Juristen prüfen alles viele Male. Die Verträge werden jedes Jahr dicker; bei Problemen geht man vor Gericht oder ruft Schiedsstellen an. Lenkungsausschüsse streiten über Konflikte, wo sie doch lenken sollten. Wenn Kunden (zum Beispiel bei Bauausschreibungen oder großen IT-Projekten) »günstige« Konditionen erzwingen, indem sie Wettbewerber gegeneinander ausspielen, gibt es freudlose Service-Erbringungen. Der Streit ist in der Stunden-/Kostenkalkulation nicht inbegriffen. Die Projekte versinken in Problemen und werden defizitär, auch für den Kunden. Es ist Eiszeit geworden.

Und noch ein Gedanke – nur noch nachgetreten: Wer dauernd grübelt, was »der Feind« wohl vorhat und worin wohl die Ursache des Unheils bestehen könnte – der wird irgendwann dazu neigen, die immer in einem solchen Klima herumfliegenden Verschwörungstheorien einzusaugen. Es kostet grässlich viel Zeit, diese immer und immer wieder mit anderen wiederzukäuen. Es entfremdet sie alle.

25.

Prozess-Hacking – schwere Schäden durch »Prozesslückenkreativität«

Gnadenlose Prozesse stoppen alle und alles, weil sie keine Ausnahme machen wollen. Es gibt aber immer wichtige eigene Anliegen, die nicht hineinpassen wollen. Was soll man da tun?

Man könnte Vorgesetzte um eine Sonderregelung bitten – oder aber einen Workaround probieren –, also den Prozess irgendwie umgehen. Ja, oder verzweifeln und aufgeben. Was geht noch? Täuschen und Tricksen. Ich habe oft gehört: »Die Prozesse wollen beschissen werden. Dann bescheißen wir sie eben.«

Es braucht viel Erfahrung, trotz der Geschäftsprozesse Erfolg zu haben. Man muss wissen, wie »der Laden tickt«, sonst hat man das Nachsehen. Es hilft nicht viel, bessere Prozesse zu fordern. Insbesondere in Ausreichend-Unternehmen sind Prozesse, Konventionen und Regelungen grundsätzlich erst einmal schlecht. Höre ich Ihren Protest? Überlegen wir: Die Unternehmen ordnen sich jedes Jahr neu, spalten Teile ab, kaufen kleine Firmen auf oder versuchen sich an Mergers. Die Produktlinien verändern sich, vielleicht sogar das Business-Modell. Machtspiele erzeugen Komplexität, die neue Beraterhypes wieder reduzieren sollen. Am Jahresende wird Hühnerhaufen gespielt.

Viele entscheidende Posten werden jetzt neu besetzt, vielfach mit Jüngeren, von deren Biss man sich etwas verspricht. Die müssen sich im Januar damit hervortun, um ohne große Erfahrung in ihrem neuen Reich allem und jedem ihren Stempel aufzudrücken. Taugen die hastig getroffenen und offensiv kommunizierten Neuregelungen etwas, die alles zum Besseren wenden sollen?

Frustrierend oft hört man diese Managementansprache: »Wir verändern die Organisation so tiefgreifend, dass kaum ein Stein auf dem anderen bleibt. Aber Sie als Mitarbeiter müssen sich keine Sorgen machen, für Sie ändert sich nichts.« Deshalb interessieren sich Mitarbeiter absolut nicht für immer kompliziertere Abteilungsbezeichnungen und das Drucken neuer Visitenkarten. Für sie geht es nur um das Thema Nr. 1, um nichts weiter: Wie grausam sind die Ziele für dieses Jahr?

Thema Nr. 1! Dazu fällt mir eine Filmszene ein, die schildere ich Ihnen. Danach amüsieren wir uns über den entsprechenden Ablauf bei einer Jahresauftaktversammlung.

In einem der Slapstick-Filme, *Die nackte Kanone*, schwenkt die Kamera von einem extrem langatmigen Blablablabla-Redner zum Publikum, das schon eingeschlafen ist und überwiegend schnarchend herumgelümmelt dasitzt. Neue Lage! Wegen einer bevorstehenden Katastrophe muss der große Saal sofort geräumt werden. Dazu stürmt der schusslige Lieutenant Frank Drebin (Leslie Nielsen) ans Rednerpult, schubst den Redner zur Seite und liest mit normaler eintöniger (!) Stimme einen softpornografischen Text vor, so etwas wie »ihre Schenkel schlossen sich um seinen Kopf«. Plötzlich beginnen alle Zuhörer aufzuwachen, räkeln sich, wundern sich über die gehörten Texte, beginnen die Ohren zu spitzen. Da sagt Frank: »Alarm, geht alle raus.« Das tun sie, noch schlaftrunken. So etwa habe ich diese Filmszene im Gedächtnis.

Bei Jahresauftaktveranstaltungen in Unternehmen habe ich oft an diese Szene gedacht: Anfangs hört man die schneidigen Lobpreisungen der neuen Strategie, bald das beste Unternehmen der Welt zu sein und den Aktienkurs schneller zu steigern, als es die blöde Konkurrenz kann. Denn die weiß noch nicht, dass sie wegen der neuen genialen Strategie seit einigen Minuten schon so gut wie tot ist, »weil uns die Krise als einzige (!) stärker macht« und »unser Wachstum nicht einmal durch den Himmel beschränkt wird«. Es gibt in Ausreichend-Unternehmen Chefs, die solche Schwallerei über zwei Stunden hinziehen können. Es ist – wie ich oft anmerkte, die Kunst von »content free communication«. Diese hat genau die Wirkung wie das Blablabla am Anfang der geschilderten Filmszene.

Die Krawattenträger und neuerdings Sneaker-Protzer schlafen im Publikum bei solchen Elogen. Nur ab und zu zucken ihre Augenlider hoch, wenn plötzlich gegen alle Erwartung ein wichtiger Halbsatz zur Kenntnis genommen werden muss.

Dann aber, wenn sie mürbe geredet sind, kann es gewagt werden, die Höhe der diesjährig geforderten Gewinn- und Umsatzsteigerung bekannt zu geben. »Wir haben um unser Umsatzziel hart gerungen, wir waren in der Weihnachtspause rund um die Uhr mit der Diskussion des Umsatzzieles befasst. Ist 8 Prozent Wachstum gut? Damit wären wir glücklich. Ist 8 Prozent ehrgeizig genug?«

Zack, alle Hirne sind hellwach. Die Zuhörer beugen sich vor.

Der Chef fährt fort: »Wenn wir das Ziel zu niedrig ansetzen, lehnen sich zu viele von Ihnen zurück, und die, die trotzdem arbeiten, bekommen zu hohe Boni. Das wollen wir nicht. Deshalb lieben wir zu hohe Ziele, damit Sie alle hetzen müssen. Wir haben deshalb 10 Prozent als Ziel festgelegt. Leider ist zehn eine zu runde Zahl, der man die harte Arbeit von uns im Vorstand nicht ansieht. Daher haben einige von uns nachargumentiert, dass die echte Gefahr besteht, dass Sie hier im Saal die 10 Prozent trotzdem schaffen. Dann aber hätten Sie mehr schaffen können, als wir wollten. Das ist nicht gut, weil es dafür zu hohe Boni gibt, ohne die Sie leider nicht vernünftig arbeiten. Es stimmt auch, dass wir Sie eigentlich zu sehr verwöhnen, denn in anderen Firmen bekommen nur die Manager Boni. Egal: Wir müssen alles schaffen, was möglich ist. Wir haben deshalb 12 Prozent festgesetzt. Zwölf ist die magische Zahl. Unser neues Geschäftsjahr steht unter dem Zeichen der Zwölf. Ich möchte Sie alle ermuntern, zwölf zu schaffen. Das geht! Das muss gehen! Der Markt ist da, der Kunde hat Geld und will es mit vollen Händen ausgeben. Das Geld liegt für uns auf der Straße, wir müssen es nur aufheben. Wir heben es schnell auf, wir sind besser und schlauer als alle anderen. Ihr verkauft, das hebt den Umsatz. Das Management-Team steigert währenddessen den Gewinn: Wir sparen dieses Jahr noch viele Leute ein und stoppen den Einkauf bis Ende März. *It's up to you.* Wir haben um die Zahlenziele und die Einsparungen gerungen, das ist unsere Aufgabe. Ihr müsst nur noch alles mit Wirklichkeit erfüllen. Wir sparen. Ihr verkauft. *It's up to you.*«

Dann folgen die Neuregelungen, die neuen Management-Ernennungen und die neue Organisation. Es wird immer klarer, in welcher neuen Lage sich die angesprochenen Mitarbeiter befinden. Sie sind plötzlich sehr konzentriert, wie bei der Lesung von Lieutenant Frank Drebin. Ihre Hirne fiebern: »Wie kann man das alles nur schaffen?« Wenn die Führung Unmögliches fordert, damit doch noch Boni fließen, wie kann das Unmögliche herbeigezaubert werden? Zu hohe Ziele sind ungerechte Unterdrückung, gegen die man sich wehren darf. Die Prozesse und die Regeln sind mächtig und stark.

Es hilft nur kreative Buchführung und das Ausnutzen der Unkenntnis, die aus dem Abstand der oberen Stockwerke von den Kellerregionen entsteht.

Die Zuhörer denken nach, ob und wie sie es schaffen, trotz allem diese Ziele zu erfüllen. Irgendwie müssen sie es schaffen. Sie lächeln bitter. Manche scheinen schon eine Idee zu haben. Kann man die Zielerreichungsmessungen umgehen? Lässt sich der Prozess hacken?

Während sie nachdenken, fährt die Unternehmensführung schweres Geschütz auf.

Ein berühmter Redner tritt auf die Bühne und erklärt, dass der Wille Berge versetzt. Zwischendurch ruft er: »Tschakka, tschakka!« und »Wir schaffen das!«.

Interessanterweise tröstet das die Zuhörer, die das Gefühl eines zukünftigen Geschundenen für ein paar Minuten abschütteln. Es wird wohl nicht so schlimm. Sie vergessen in ihrer Rührung, dass es sich offensichtlich lohnt, sich für eine Olympia-Medaille abzurackern, wenn man sie dann auch bekommt. Die meisten schaffen es aber nicht. Kein Tschakka für alle. Kein Tschakka für fast alle Zuhörer im Saal.

Nun werden die Ziele des Unternehmens auf die Mitarbeiter verteilt. Wer soll wie viel »billable time« (Zeit, die man den Kunden in Rechnung stellt) herausholen, wer wie viel verkaufen? Wer bekommt wofür einen Bonus? Und immer die Frage: Wobei lässt sich etwas »drehen«?

Der Vertrieb könnte zum Beispiel etwas mündlich vereinbaren, um den Auftrag an Land zu ziehen. »Das machen wir dann gleich mit – ohne Berechnung, versprochen.« Doch Vorsicht, Falle! Vor einigen Jahren traf ich ein Ehepaar, das ein Unternehmen gegründet hatte. Ich schaute irritiert auf die neue Visitenkarte. »Warum sind Sie jetzt Berater? Hatten Sie nicht ein Unternehmen?« – »Ja, wir hatten leider etwas mündlich zugesagt, was dann einfach nicht vernünftig ging. Das hat uns ruiniert.«

Noch ein Beispiel: Der Vertrieb bietet zum Jahresende oft Rabatte an, damit das Jahresergebnis noch erreicht werden kann. Im Internet gibt es Ratschläge, Rabatte bei Firmen einzufordern, deren Verkäufer zu hohe Ziele im Nacken haben. Ganz banal sparen Kunden mit der Forderung: »10 Prozent Rabatt oder ich unterschreibe im Januar.« Das geht auch bei Autokäufen. Händler bekommen Jahresabsatzziele vom Hersteller. Wenn sie im Dezember ihre vereinbarte Quote nicht abverkauft haben, bekommen sie die noch nicht verkauften Pkw rücksichtslos auf den Hof gestellt – von der Halde des Herstellers, am besten die mit den scheußlichen Farben, die übers Jahr nicht liefen. In dieser Weise fährt die ganze Wertschöpfungskette Verluste ein, weil die Ziele zu hoch gesetzt waren.

Oder: Die Personalentwicklungsabteilung klagt, dass die Mitarbeiter keine internen Fortbildungen nutzen. Viele Veranstaltungen werden mangels Teilnehmer abgesagt. Die Mitarbeiter im Personalwesen zittern um ihre Jobs. »Was ist los?«, fragt der Personalchef im Vorstand. Controller: »Laut Aufstellung haben wir pro Mitarbeiter im Jahr sechs Tage Ausbildung, das ist genau der Durchschnitt unserer Industriebranche. Wo ist unser Problem?« Was keiner weiß oder bestimmt keiner wissen will: Man hat Weihnachts- und Sommerfeste verboten, weil sie zu viel Umsatz kosten (jede Feier kostet rein rechnerisch ein halbes Prozent Jahresumsatz). Der Ausweg: Man bucht einen externen Tschakka-Motivationscoach für zwei Stunden und bucht das ganze Event unter »Ausbildung«. Damit es niemand in den Büchern findet, engagiert man eine Eventfirma, die die »Ausbildung« gegen einen Mitarbeiter-Pauschbetrag anbietet und abrechnet. Solche Methoden können für ernstere Korruption infrage kommen ... In unserem Beispiel hatte das Unternehmen die Ausbildung weggeschummelt und durch Feiern ersetzt. Am anderen Ende fragt das Management die innerbetrieblichen Ausbilder, warum kaum Ausbildungskurse stattfanden. Müssen die Ausbilder entlassen werden? Der eine schummelt, der andere hat den Schaden, das ganze Unternehmen sowieso.

Beliebt ist auch, dem Kunden einen versteckten Rabatt bei Projekten zu gewähren und dafür den Budgetpuffer des Projekts zu plündern. Ich erkläre es: Wenn ein Projekt (zum Beispiel ein Bau) geplant wird, sollte man einige Prozent des Budgets für unvorhergesehene Probleme im Projektverlauf einplanen. Beim Bau vielleicht 5 bis 10 Prozent, bei innovativen Projekten eher 20, lieber noch viel mehr. Im Denglischen spricht man von »contingency budget«, das dazu dient, für Risiken vorzusorgen, indem ein Puffer eingeplant wird. Wenn der Vertrieb aber zu hohe Ziele bekommt, gewährt er manchmal so viel Rabatt, dass im Plan eben kein Risikopuffer mehr drin ist. O-Ton, um sich Mut zu machen: »Wir sollten Zuversicht zeigen. Wir sind immer erfolgreich! Es passiert schon nichts!« heißt es in internen Meetings des Ausreichend-Unternehmens. Natürlich kommt es dann doch zu ausreichend vielen Problemen, die das Ausreichend-Projektteam vorher nicht ausreichend bedacht hat. Die vorausgegangene Mauschelei darf nicht ans Licht kommen. Deshalb löst man das Unterfinanzierungsproblem (kein Risikopuffer) mit Überstunden der geknechteten Mitarbeiter und mit Pfusch.

Natürlich gibt es auch Kunden, die nicht brutal runterhandeln. Sie wollen gute Qualität und bezahlen sie auch. Sie achten darauf, dass im Budgetplan ein Risikopuffer enthalten ist. Dann gehen, sagen wir, zwei verschiedene Projekte in die Ausführung – das eine knapp ausgestattet und ganz ohne jeden Puffer, das andere mit auskömmlicher Risikovorsorge für einen guten Kunden, so, wie es sich gehört. Natürlich gerät das unseriös geplante Projekt in schweres Fahrwasser, seine Finanzlage sieht grässlich aus. Da kommt der Bereichsleiter, der sich weiter oben für beide Projekte verantworten muss, auf die Idee, dass das schlechte Projekt einfach seine Verluste in den Risikopuffer des auskömmlichen Projektes bucht. Problem gelöst! Für einige Wochen scheint alles in Ordnung, dann aber gibt es im guten Projekt Probleme … Was kommt heraus? Auch der treue und gut bezahlende Kunde bekommt Pfusch, Ärger und Zeitverzug.

Und alle pfuschen für die Tonne, weil sie kreativ Workarounds ersinnen, um trotz zu hoch angesetzter Ziele an ihre Boni zu kommen.

Viele Unternehmen sehen es gerne, wenn Kunden Projekte anstoßen wollen, die innovatives Terrain betreten. Trotzdem ist man vorsichtig: »Das hat noch niemand versucht. Es ist nicht klar, ob es geht.« Dann kann ein Kunde aber nicht dazu bewegt werden, das ganze Risiko selbst zu tragen. Die Unternehmenszentrale des liefernden Unternehmens wird dem Kunden billigerweise einen Preisnachlass gewähren, indem man dem Projektleiter mehr Budgets gibt, als er strenggenommen braucht. Das Projekt bekommt also einen Innovationspuffer, der das mögliche Risiko des Scheiterns abbildet. Für solche Innovationsprojekte hat der Vorstand einen zentralen Fördertopf bereitgestellt. Das ist sehr klug, aber …

Die richtig gerissenen Vertriebsleute machen dem Kunden nun einen guten Preis, indem sie das Projekt intern als »innovativ« deklarieren, also als »innovativ anstreichen«, wie man sagt. Sie behaupten nun bei möglichst allen Projekten, dass diese »strategisch« seien und daher Fördergeld aus dem zentralen Topf beanspruchen könnten. In dieser Manier wird das Zukunftsbudget unter lauter Fake-Präsentationen und langen Begründungen einfach geplündert. Das wiederum merkt der Chief Finance Officer. »So viele strategische Projekte haben wir?« Nun setzt eine neue Prüfungsorgie ein. Die Spirale zwischen den Dieben und der Polizei eskaliert.

Es setzt sinnlose Arbeit ohne Ende, weil niemandem mehr zu trauen ist. Die wirklichen Zukunftsprojekte verlieren oft das böse Spiel, weil die Prozess-Hacker-Profis im Allgemeinen viel besser auf der Prozessklaviatur spielen als die jungen Start-up-Talente, die noch an ehrliche Arbeit glauben.

26.

Wir spielen Topmanagermeeting und Teambuilding

Managermeetings der höheren Etagen dienen der Bestandsaufnahme und der Beschlussfassung. Die Bestandsaufnahme im Meeting ist fast unnötig, weil die Zahlen im IT-System (»SAP«) für jeden Berechtigten verfügbar sind. Sie müssen nur noch bewertet werden – was ebenfalls unnötig ist, weil die Ziele ebenfalls im System vermerkt sind. Trotzdem kann man noch über »Stretch-Targets« reden (hohe Ziele, nach denen man sich nach oben recken muss, besser springen) oder eben über Aufholjagden, wenn eine Zielverfehlung zu befürchten ist. In jedem Fall müssen Beschlüsse gefasst werden, wie man das Quartalsziel übererfüllt oder eben gerade noch erreicht.

Sachlich ist nichts zu tun, es geht allein um emotionales Aufstacheln.

Viel mehr geschieht nicht. Punkt. Und das ist das Problem.

Da ich auf vielen Firmenveranstaltungen dabei bin, wundere ich mich über die anscheinend weltweit uniforme Agenda. Am Vormittag beginnt der CEO mit großartigen Proklamationen, danach predigt der CFO auf die Profitschwächelnden ein und redet ihnen ins Bonus-Gewissen. Dieser Teil wird sorgfältig inszeniert. In vielen Firmen kann die Geschäftsleitung mit ihren Vice Presidents darüber hinaus nicht mehr viel anfangen. Was macht man dann bloß mit dem angefangenen Tag? Am besten taugen dafür Breakout-Meetings – damit kann die Geschäftsführung die Leute für ein paar Stunden beschäftigen, ohne selbst etwas beitragen zu müssen. »Unsere Zeit ist knapp bemessen und daher kostbar.« Das sagen Manager immer zu denen unter ihnen, so als ob die weiter unten jede Menge Zeit zum Totschlagen hätten.

Wieso gerade Breakouts? Das platte und gänzlich unvorbereitete Diskutieren an runden Tischen wird mit der Notwendigkeit von Teambuilding begründet, aber hinterrücks für ein wenig Gehirnwäsche missbraucht. Hinterher glauben die Executives, dass der Tag für das »Team« wertvoll war. Das ist schlimm, denn es wäre doch gut gewesen, einmal über wichtige Fragen zu reden.

Wie sieht solch ein Tag konkret aus? Er wird akribisch vorbereitet. Manchmal sitzt eine kleine Arbeitsgruppe über viele Arbeitstage hinweg an der Planung. Welche Location? Wieder Bad Wiessee? »Da geht keine S-Bahn hin. Tegernsee ist besser.« – »Bad Wiessee ist fünf Kilometer von Gmund, komm!« – »Warum nicht Tegernsee?« – »Ist wegen der fünf Kilometer viel teurer.« – »Dann was anderes. Qatar? Bayern München sagt, das ist billiger.« – »Das stößt bei den Mitarbeitern auf. Obwohl ...« So geht das lange hin und her. Lokationen abfragen, dann beim Chef vorfühlen. Heute ist das wohl nicht mehr so, aber früher sind Assistenten noch in die Hotels der engeren Wahl zum Probewohnen und -essen gefahren. Die Vorbereitungsmitarbeiter haben Angst, gerüffelt zu werden, wenn etwas nicht in Ordnung ist, wenn etwa in den Breakout-Rooms keine Kugelschreiber mit Firmenlogo ausliegen oder wenn sich der Parkplatz für die Dienstwagen auf einem matschigen Grund befindet. Es gibt Topmanager, die ausschließlich von einem ganz speziellen Naturquell-Sprudel leben wollen und jeden Veranstalter zusammenfalten, der das nicht servieren kann. Es darf nur keinen Anschiss geben!

Endlich ist alles geklärt, dann muss der Chef zu einem wichtigen Kunden reisen; das Meeting wird verschoben, leider eher ans Ende des Quartals. Das ist nicht gut, weil zu diesen Terminen keiner mehr Zeit hat und das Einprügeln auf die Manager mit schlechten Ergebnissen nichts mehr hilft. Noch einmal Lokationen suchen ... Endlich findet das Meeting statt, sogar der Chef hat zugesagt, obwohl er erst meinte, dass eine Videobotschaft von ihm ausreichen sollte;

die ist trotzdem vorsichtshalber aufgenommen worden und kann ja wiederverwendet werden.

Das Meeting beginnt, der Chef tritt auf. »Im Grunde habe ich nichts Neues zu sagen. Unsere Firma ist bestens aufgestellt, wir haben Chancen über Chancen, gut und besser abzuschneiden …« Danach macht er klar, dass es in den Genen der Firma liegt, Unmögliches möglich zu machen. Er reitet eine unterhaltsam-narzisstische Euphorisierungsattacke und erwähnt zum Schluss, dass das gegenwärtige Quartal das wichtigste sei, weil es gerade stattfinde. Kein Ausruhen auf Lorbeeren, keine Gnade für Loser! Die Rede hängt unmittelbar vom Temperament des CEO ab. Meist ist »die Message« zweigeteilt: Der Chef huldigt dem Unternehmen als weltweitem Leader, zu dem es in nächster Zukunft aufsteigen wird (»Das klappt sicher, weil ich der erfolgreiche Chef bin!«) und stellt gleichzeitig dar, dass es ihm am Herzen liegt, im Unternehmen alles auszurotten, was nur ausreichend ist; das ist »inakzeptabel«. Mit diesem Wort leitet der Chef über zum CFO, zum Finanzchef. Psychologisch besehen handelt es sich bei solchen Norm-Ansprachen um »mixed messages«, also um Botschaften eines Senders an einen Empfänger, die Lob und Tadel gleichzeitig enthalten. »Eigentlich großartig, aber aber …« – »Ich verspreche euch Boni ohne Ende, aber die Zahlen zwingen mich …«

Es ist bekannt, dass jedem normalen Menschen ein einziger Tadel sein Herz so sehr beschwert, wie es nur fünf Lobe wieder erleichtern können. Deshalb ist bei *mixed messages* in der Kommunikation größte Vorsicht geboten. Mächtige pfeifen darauf.

Die Choreografie der Meetings ignoriert alle wissenschaftlichen Erkenntnisse. Der CEO redet tendenziell alles schön, der CFO zeigt gallig auf die »roten Felder« in seinen Tabellen. *Good guy, bad guy.* Im Ergebnis irritieren diese *mixed messages* das ganze zum Meeting erschienene Management. Oft kommt es schlimmer, weil der CEO häufig narzisstische Züge hat und der CFO penibel zwanghaft erscheint. Narzissten sehen allen Erfolg bei sich selbst und könnten Nebensätze wie »trotz allen Erfolgen hätte ich uns in diesem Quartal eigentlich mehr zugetraut« ablassen, was bei Narzissten rüberkommt wie »dummes Volk, ihr versaut mir alles«.

Zwanghafte Pedanten prangern jeden kleinsten Fehler in einer persönlichkeitsverletzenden Form an. Immer »mixed messages«!

Der typische Chef überzieht seine Redezeit maßlos, sodass die Agenda schon zu Beginn geschreddert ist. Es gibt auch entsetzlich introvertierte Chefs, die vielleicht früher einmal Aktuare waren und eine Rede nur verlegen ablesen können. »Meine Damen und Herren, ich möchte kurz auf die Ereignisse des letzten Quartals zurückblicken, und lassen Sie mich einige Gedanken beitragen …« So etwas ist Old Style, das Ablesen vom Blatt ist aber immer noch besser als das Vorlesen von Folien.

In vielen Fällen, so oder so, wirkt der Chef mit zunehmender Rede terminnervös; er entschuldigt sich, zu einem wichtigen Termin davondüsen zu müssen: »Ich will für uns alle einen wichtigen Sieg erringen.« Erstaunen im Publikum. »Na, verdiene ich etwas Vorabbeifall?« Jubel im Publikum. Der CEO will aber einfach nur weg, sonst nichts. Er ernennt einen Stellvertreter, der nach den Breakout-Sessions Hof halten soll.

Jetzt also der CFO: Er findet in der Regel Gründe, allen die Leviten zu lesen. Er präsentiert Zahlen über Zahlen. Da die keiner versteht, operiert man statt der Zahlen oft nur noch mit Plus (»Lob«) und Minus (»Tadel«), seit Anfang des Jahrhunderts mit Grün und Rot. Die fortschrittliche PowerPoint-Technologie ermöglicht es heute, die ganze Farbskala von rot über orange und gelb zu grün zu nutzen! Da gibt es noch Kompromisse und Schattierungen im Ungnade-Level. »Bitte Chef, es ist nicht voll rot, es ist orange!« Der CFO freut sich in dieser Machtposition, aber viel mehr als Zahlenkommentare fallen ihm nicht ein. Es wird trocken und langweilig, hauptsächlich tadelnd. Er redet zeitlich genau wie vorgesehen, geht Tabelle für Tabelle durch.

Da der CEO die Zeit überzogen hat, wird es eng. Das Meeting muss pünktlich um 17 Uhr beendet sein, weil ziemlich viele Manager einen bestimmten Flieger gebucht haben. Das Essen wird hektisch eingenommen, dann aber wird der Zeitplan doch ignoriert. Kaffee muss sein. Die Breakout-Sessions können warten.

Endlich versammelt man sich wieder. Das Vorbereitungsteam teilt alle in Gruppen ein, die sich in verschiedenen Ecken der Tagungslokation oder an großen runden Tischen mit vorgegebenen Fragen befassen sollen. Bei der Einteilung wird darauf achtgegeben, dass die üblichen Kritiker über die Gruppen vereinzelt werden, damit es keine unkonventionellen Antworten gibt, zum Beispiel, dass die Idee eines Einser-Unternehmens aufkommen kann.

Die gestellten Fragen sind über die Jahre immer dieselben: »Füllen Sie die neue Strategie des Chefs mit Leben!«, »Wie kann das Ergebnis des laufenden Quartals verbessert werden?«, »Wie motivieren wir die Mitarbeiter durch Gimmicks?«, »Wo sind noch ›tiefhängende Trauben‹ (›low hanging fruits‹ oder ›schnelle mühelose Erfolge‹) abzusahnen?« »Welchen Nochnichtkunden können wir unsere Leistungen zusätzlich verkaufen?«. Oder, ganz zum Schluss: »Gibt es Ideen, unsere Probleme – sorry, wir haben keine – unsere Herausforderungen schnell und billig zu meistern?«

Früher stellte die Tagungsorganisation einen Flipchart-Ständer neben jede Gruppe, auf dem man Diskussionspunkte und schließlich ein Ergebnis skizzieren konnte. Willfährige wie auch Konstruktive opferten sich als Schreiber mit den hoffentlich nicht ausgetrockneten Eddings. In der neueren Zeit gehen energiegeladene Leader im Team dazu über, gleich PowerPoints mit den Antworten zu füllen. Das ist zwar für das gemeinsame Reden unproduktiv, aber die meisten hoffen, dass der PowerPoint-Streber freiwillig die Ergebnisse dem Chef vorträgt. Davor wollen sich die meisten drücken.

So wird der Nachmittag zum langweiligen Hin und Her verschwendet. Nur gegen Ende der Stunden dämmert den Gruppen, dass sie am Ende des Tages (beliebt ist auch das gebildetere »at the end of the day«) Ergebnisse präsentieren müssen.

Da der Zeitplan auch durch das Wechseln der Räume und größere Kaffeeunterbrechungen zum Schluss zur Eile mahnt – der Flieger! –, versammeln sich alle hektisch im Plenum. Einige stellen schon ihre schwarzen Rollkoffer hinten in den Raum, andere holen das vergessene Auschecken nach. Man lüftet den Raum, es riecht nach Aufbruch und Ungeduld. Nun müssen nur noch die Ergebnisse der Breakout-Runden präsentiert werden. Der Chef ist diesmal schon abgereist, bei ihm hätte man noch Punkte im Plenum sammeln können. Nun aber setzt sich ein Senior Vice President (kurz vor der Pension) vorne hin und nimmt die Ergebnishuldigungen hin. Die erste Gruppe trägt vor, sie bekommt drei Minuten für eine unternehmensentscheidende Idee. Da stoppelt ein Silberrücken oder da kauderwelscht ein Karriererist etwas ausweichend vor sich hin. Nach drei Minuten blätterte er am Flipchart ungerührt weiter, oder er bringt die nächste Folie. Fünf Minuten, ja gar zehn, man würgt ihn ab. Der Nächste bitte! Hart nur drei Minuten. Nach weiteren zehn Minuten der Dritte.

Irgendwann nervt es alle, die zweite Hälfte präsentiert eben nicht. Egal, der Flieger. Sie brechen auf.

Ich habe nirgendwo erlebt, dass die Ergebnispräsentationen auf Interesse gestoßen wären. Die Gedanken aller waren schon im Flieger und daheim. Ich habe Mitarbeitern immer wieder eingeschärft: »Wenn du mit einem Ranghöheren redest und wenn der auf die Uhr schaut – dann halte an – stopp! Den Rest will und wird er nicht mehr hören, denn er ist in Gedanken schon beim nächsten Termin, und du nervst ihn von jetzt ab.« – »Aber ich muss ihm doch sagen, was ich ihm lange vorbereitet sagen will und muss!« – »Sag es, bevor er zur Uhr schaut.«

In diesem Lichte: Wenn die »Ergebnisse« in fast allen Fällen unter Terminstress erläutert werden, und dann noch unprofessionell, dann nerven sie nur und werden gar nicht mehr aufgenommen. Und ich frage: Wieso präsentiert man Ergebnisse von Topmanagern unter Zeitdruck oder eben für die Tonne? Hilfe, alle im Raum sind Topmanager – sie sollten wissen, dass nervöses Hinhören nichts bringt. Warum hört sich der Chef nicht alles persönlich in Ruhe an, warum »nur« ein spontaner Vertreter?

Ja, warum?

Sind sie alle unprofessionell? Geht es in Wirklichkeit gar niemandem um gute Vorschläge? Ist es eine reine Zeremonie? Warum gibt es keine sinnvollen Managermeetings? Wenn Topmanager doch professionell sind – warum meeten sie in dieser Weise?

Ich habe einmal einen kurzen Ausraster gehabt und in einem Einzelgespräch eben diese Fragen gestellt.

Die Antwort: »Wir hetzen durch unsere Arbeitstage. Und an einem solchen Nachmittag lernen sie die Oberen und ihre Kollegen kennen. Die Neuen fügen sich ein und werden bekannt. So sehen sich die Leute der verschiedenen Towers wenigstens einmal ohne Stress. Ohne Stress! In der Regel kämpfen sie doch um Ziele und Budgets, das wollen wir an diesem Tag nicht. Sie sollen sich einmal halbwegs als Mensch sehen. Früher hatten die Vorstände eigene Etagen oder mindestens Eckbüros, da sahen sie sich so gut wie nie. Heute sind sie auf Reisen. Sie müssen sich einfach einmal an einem runden Tisch treffen, ohne um vitale Interessen zu streiten. Das ist Teambuilding, es ist sehr wertvoll. Versteh es bitte. Sie sollen zusammen unsere neuen Buzzwörter einen Tag lang wiederkäuen und sich zu den beschworenen Zielen bekennen.« – »Ist es vielleicht unprofessionelle Gehirnwäsche?« – »Lass es. Es ist Teambuilding. Oder ein gemeinsames Glaubensbekenntnis.«

Ach, es gibt doch einige Wirkungen durch die Breakout-Sessions: Das Management gewöhnt sich an den Glauben, man könne sich unvorbereitet hinsetzen und klönen, wie eine neue Strategie aussehen könnte.

Das Management wird durch die Art der Fragen an die runden Gruppentische immer wieder darauf trainiert, dass nur Vorschläge gut sind, die noch schnell zu einem besseren Quartalsergebnis beitragen können.

Das Management ist so sehr unter sich, dass es nicht merkt, dass alles ausgeblendet wird, was nicht in den Management-Alltag gehört.

Den wichtigen letzten Punkt möchte ich erläutern: Wenn zum Beispiel Uni-Kliniken Managementmeetings veranstalten, sind oft gar keine Ärzte anwesend, weil sie eben nicht zur Verwaltung gehören. Dabei sind doch die berühmten Professoren eventuell sogar die Hauptakteure! Wenn die im Managementmeeting nicht vertreten sind: Wird da jemals über »technisch-medizinische Belange« geredet? Um im guten Ärztebeispiel zu bleiben: Stellen Sie sich ein Ärztehaus vor – etliche Fachärzte teilen sich ein schickes Gebäude und lassen einen guten Teil der Verwaltung (Rechnungen, Materialbeschaffung et cetera) gemeinsam erbringen. Es gibt schon die MVZ, die medizinischen Versorgungszentren, bei denen so verfahren wird.

Meine Frage an Sie: Wer bekommt in dem Ärztehaus die schönen Eckbüros? Die Verwaltungsmanager – oder die Ärzte? Sie wissen es: die Ärzte. Im Geschäftsmodell des Ärztehauses sind sie die Chefs; sie »halten sich gemeinsam ein Management«, das einen störenden Kostenfaktor darstellt, aber wohl nötig ist.

Bei Investmentbanken verdienen viele Tophändler mehr als der Vorstand ... aber sonst kenne ich kaum Beispiele, bei denen so ein Managementmeeting ohne jede fachliche Ablenkung nicht für das heilig Wichtigste gehalten wird.

27.

»Seamless« – alles aus einer Hand mit fünf verfeindeten Fingern

»Seamless« ist eines der Beraterworte, die es ins Manager-Kauderwelsch geschafft haben. Es steht für »nahtlos« oder auch »harmonisch«. Insbesondere möchte ein Unternehmen seinen Kunden gegenüber »seamless« erscheinen oder sogar sein. Ein Unternehmen ist erstklassig, wenn es das schafft. Leider verschwenden die meisten Unternehmen unendlich viel Energie damit, es zu versuchen und nicht zu schaffen.

Ein Beispiel: Die Sparkassen und Volksbanken bieten Finanzdienstleistungen an: Beratung, Zahlungsverkehr, Kredite, Kreditkarten, Bausparen, Versicherungen, Börsenhandel, Immobilienvermittlung, Altersversorgung. Oder bei IBM, aus meinem damaligen Umfeld: Dort gab es Beratung, Hardware, Software, Forschung/Entwicklung, Betriebssysteme, Cloudservices, Mobile Services, KI, Rechenzentrumsplanung und -bau und vieles mehr.

In allen solchen Unternehmen, die über ein reiches Portfolio an Angeboten verfügen, gibt es dann enorme Koordinationssysteme, die die Einzelteile zu einem Ganzen zusammenfügen sollen, sodass sie im Inneren harmonisch miteinander agieren und von außen wie eine Einheit aussehen.

In einer Bank lief das noch vor einigen Jahrzehnten so ab: Die Bank bediente den Kunden aus einer Hand. Der Bankangestellte vor Ort beriet, besorgte Kredite und eröffnete Sparkonten, alles nach Wunsch des Kunden und – beachten Sie das – im echten Interesse des Kunden, der zu seiner Bank tiefes Vertrauen hatte.

Dann aber, mit dem Trend zu größeren Banken, bildeten sich Spezialsparten heraus. Wer zum Beispiel heute ein Haus kaufen will, kann wie gehabt alles von der Sparkasse oder der Volksbank bekommen, aber jetzt sind die Bausparkasse, die Hypothekensparte, die Immobilienvermittlung und so weiter zum Teil auch rechtlich getrennte Firmen. »Ach, ich brauche noch eine Hochwasserversicherung!« – »Die ist bei der Sparkassenversicherung/R+V.«

Die Unternehmen stellen es sich so vor: Der Kunde hat eine Anlaufstelle, bei der er jedes Produkt anfordern und auch bekommen kann. Der Kundenberater leitet den Wunsch des Kunden an die zuständige Sparte weiter, die den Wunsch bearbeitet und erfüllt. So weit die Theorie, nach der die einzelnen Sparten »aufgestellt« wurden.

Die Unternehmen werben mit »Buzzwords« wie:

»Alles aus einer Hand«, »One-Stop-Shop«, »All-in-One for You«, »Ganzheitliche Lösung mit einem vollen Spektrum vieler Möglichkeiten«, »Schlüsselfertig nach Ihren Wünschen«. Oder auch: »Wir sind lösungsorientiert und stellen den Kunden ins Zentrum unseres Bemühens. Sie bekommen einen einzigen Ansprechpartner für alle Ihre Wünsche!«

Nun kommt die Praxis: »Ich möchte eine Altersvorsorge.« – »Ah, da haben wir Bausparen, Lebensversicherungen, Investmentfonds exklusiv aus unserem Hause. Fonds anderer Banken sind schlecht, das wissen Sie ja, sonst wären Sie nicht hier – etwas anderes nimmt auch kein Kunde von uns; wir können auch Renten auf Angespartes auszahlen. Sagen Sie einfach, was Sie möchten, dann leite ich Sie an die entsprechenden Stellen weiter. Sie müssen dann woanders einen Termin buchen. Also los: Wir brauchen ihre Einzelwünsche für die einzelnen Sparten.« – »Oh, ich dachte, es ist wie bei Autos, die man konfiguriert und dann als Ganzes bestellt.« – »Nein, es ist hier wie beim Discounter: Sie möchten ein Baguette mit Tomaten, Mozzarella und Salat. Dann gehen sie im Laden herum, kaufen sich die Zutaten zusammen und gehen selbst an die Belegung und den anschließenden Verzehr.«

Wenn Services und Produkte nicht aufeinander abgestimmt sind, spricht man in der Praxis oft vom »Bauchladen«. Damit ist ein Unternehmen gemeint, das alle möglichen Einzelprodukte und Services aus diesem Bauchladen verkauft, die Nutzungszusammenstellung und die Harmonisierung aber dem Kunden überlässt. Die verschiedenen Produkte der typischen Banken habe ich genannt. Diese Produktsparten zerren nun einzeln am Kundenberater: »Rate dem Kunden zu meiner Sparte! Ich muss Profite erwirtschaften!« So rufen die Sparten Fonds, Versicherungen, Bausparen, Immobilien dem Bauchladen-Produktverkäufer zu, der sich Ihnen als sogenannter Kundenberater vorstellt.

Die verschiedenen Sparten agieren nicht harmonisch, sondern sie werben aggressiv gegeneinander, um sich ein großes Stück vom Kuchen zu sichern. Der Kuchen sind Sie – mit Ihren Möglichkeiten als Kunde.

Die hohe Kunst ist es, wenn Sie als Kunde gar nichts davon merken. Das schafft aber kaum ein Unternehmen. Noch schwieriger ist die Koordination des Bauchladens im Inneren. Dort wird natürlich gerechnet, welche Produkte am meisten Profit bringen. Mit Festgeldanlagen sind Banken zurzeit unglücklich, weil diese wegen der Minuszinsenlandschaft gar keinen Gewinn abwerfen. Daher werden sie Ihnen raten, Fonds oder gar ETFs zu kaufen: Da sind satte Managementgebühren und Ausgabeaufschläge zu holen. Das Profitmaximum der Bank ist nicht das Nutzenoptimum des Kunden. Bald setzen sich die Unternehmenssparten in langen Meetings zusammen und legen unter Streit fest, was welchem Kunden wann aufgedrückt werden soll. Dieser Vorgang heißt »Kundenentwicklung«. Das Ergebnis des getroffenen Entwicklungsbeschlusses wird dem Kunden anschließend in Form einer Beratung mitgeteilt, die er nach Möglichkeit bezahlen muss.

Wenn Kunden erkennen, dass sie vor einem Bauchladen stehen und nicht gut beraten werden, erkundigen sie sich, wo es die Einzelangebote des Bauchladens am günstigsten gibt. Sie nehmen eine Hypothek hier, eine Unfallversicherung dort. In diesem Augenblick aber stehen die Einzelsparten einer Bank nicht mehr nur untereinander im Wettbewerb, sondern auch beim Preisvergleich im Netz:

Ich musste mein neues Auto versichern. Ich schaute im Netz nach. Oh, meine angestammte Versicherung bietet einen Sonderpreis! Ich gebe alle Daten des alten Pkw ein und vergleiche. 20 Prozent billiger. Ich gehe hin und lasse mich beraten. Es wird so teuer wie immer. Ich verlange den Tarif aus dem Netz. »Dazu raten wir nun gar nicht.« – »Warum locken Sie mich damit im Netz?« – »Wenn wir den Normaltarif ins Netz stellen, werden wir von den Preisvergleichssuchmaschinen niemals als günstig angezeigt – der teure Tarif landet ganz unten. Daher denken wir uns einen Billigtarif aus, damit Sie über die Suchmaschinen zu uns kommen.« – »Dann nehme ich trotzdem den aus dem Internet!« – »Dazu raten wir nicht … da sind einige Leistungen nicht drin.«

Es kam nach hartnäckigem Fragen heraus, dass ich beim Billigtarif im Wesentlichen die Werkstatt nicht selbst wählen kann. Ich muss im Fall eines Unfalls zu einer Vertragswerkstatt. »Und wenn ich das nicht tue?« – »Dann kostet es 200 Euro Selbstbehalt.« – »Und weil ich dieses Problem nur alle Jubeljahre habe, soll ich mein Leben lang 20 Prozent mehr Prämie zahlen?« Alle Jubeljahre – ich hatte gleich danach einen Schaden. Ich ging doch zu meiner Stammwerkstatt und schlug vor: »Die 200 Euro gehen auf das Haus, oder soll ich echt zur Pflichtwerkstatt?« – »Wir haben verstanden«, erwiderte die Werkstatt.

Wenn ich die Möglichkeiten eines aufgeklärten Kunden bei Vorträgen erwähne, reagieren die Unternehmen gereizt. »Wenn alle so nüchtern wären wie Sie, Herr Dueck, gäbe es uns alle nicht mehr. Zum Glück haben wir unsere treuen Stammkunden, die immer noch alles aus einer Hand nehmen – aus unserer Hand.« Das wird sich ändern. Die Kunden werden »aufgeklärter«, die Zahl der Kunden-Goldesel wird zurückgehen.

Geht es denn auch anders? Ich hatte einmal einen Smartphone-Vertrag, bei dem der Anbieter von sich aus seine Leistungen erhöhte! Ich bekam jedes Jahr die besseren Konditionen des jeweiligen L-Neukunden-Tarifs, also jedes Jahr mehr Gigabyte pro Monat. Ich musste nie kündigen oder mir Gedanken machen, wie ich mehr heraushole … Geht doch?

Heute allerdings nicht mehr; alle zwei Jahre habe ich nun Ärger und muss »zocken«; das Vertrauen ist weg. Hier und anderswo. Es ist kein Geben und Nehmen, kein »leben und leben lassen«. Wir haben alle überall Dauerkonflikte, also Kleinkriege für die Tonne. Was für ein sinnloser Aufwand, der durch fokussierten Egoismus aller entsteht.

28.

Das Dramadreieck des Wankelns und die Flucht ins Hybride

»Man kann das eine tun, ohne das andere zu lassen« wird so oft gesagt, und es kommen meist zwei Halbherzigkeiten heraus. Dieselmotoren sind out? Wir bauen Hybride. Bankfiliale in der Diskussion? Wir versuchen es mit einer Multi-Channel-Strategie, solange wir uns nicht entschließen können, eine klare Strategie zu verfolgen. Was ist richtig? Wie entscheiden wir uns? Wir diskutieren immer hitziger. Die Zeit vergeht.

Ich möchte zur Erhellung ein klassisches psychologisches Betrachtungskonstrukt aus der sogenannten Transaktionsanalyse heranziehen: das Dramadreieck. Ich interpretiere es hier entlang eines sehr stereotypen Beispiels: Es gibt Streit in der Familie. Das Problem: Der Vater ist zunehmend schwer alkoholabhängig und schafft dadurch eine Menge Schwierigkeiten. Die Mutter versucht schon lange, auf ihren Mann einzuwirken. Nach außen hin kommuniziert sie allen Nachbarn und dem ganzen Dorf gegenüber, dass alles in Ordnung ist. »Er hat nur mal wieder tüchtig gefeiert, alles gut!« Der schon erwachsene Sohn, der noch mit im Haus lebt, sieht dagegen die Familie am Ende. Er will seinen Vater zu Entziehungskuren schicken oder mit einem Rauswurf bedrohen. »Sonst kommen wir nicht weiter«, schimpft er, aber seine Mutter beschwört ihn, nicht so hart zu sein. »Es ist mein Mann, dem ich Treue geschworen habe!«

So weit die Situation. Der Vater reagiert überhaupt nicht auf die beiden und trinkt weiter, aber Mutter und Sohn liegen sich immer stärker in den Haaren. Sie waren stets ein Herz und eine Seele, entzweien sich aber zunehmend im Streit. Dieser Streit beherrscht bald ihr ganzes Leben – während der Vater süchtig dahinsiecht.

So ergeht es uns allen im Wandel. Die neue Zeit erfordert Maßnahmen. Digitalisierung und neue Energieformen zwingen den Unternehmen neue Geschäftsmodelle auf, wenn sie nicht sogar ihren Bestand bedrohen. Lange Zeit wird der kommende Wandel ignoriert und das langsam marode Bestehende schöngeredet, die Presse (der »Nachbar« und das »Dorf«) wird beruhigt: »Der Benziner wird noch lange unser Leben bestimmen«, sagt »die Mutter«. Aber mit der Zeit fordern »junge« Kräfte im Unternehmen, endlich die Herausforderung der Zukunft anzunehmen. »Ein radikaler Wandel muss her!«

Zwischen diesen beiden Kräften wird lange gestritten und tatarm laviert. Nur allmählich versiegt die zähe Beharrungskraft, die das Bestehende noch lange erhalten möchte, gegen die ungestümen Forderungen, endlich mit der Axt an die geliebten Traditionen zu gehen.

Das ist das Dreieck des Dramas:

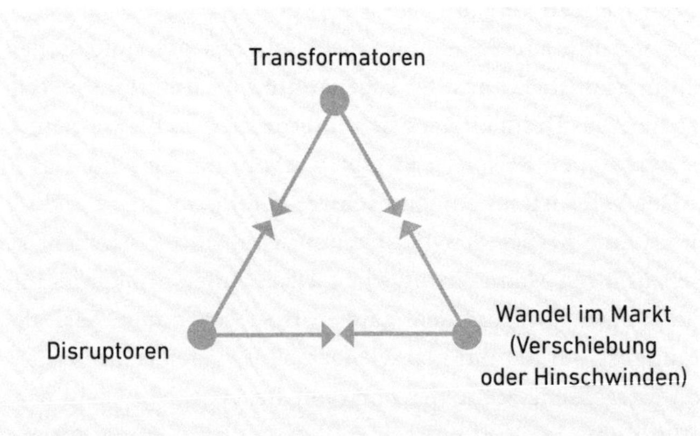

Die unternehmensinternen Kämpfe zwischen den Ausharrenden und den Revolutionären kosten Zeit und Energie. Die Presse steht für lange Zeit hinter dem »Alles in Ordnung« der »Mutter«. Erst später fragt sie, ob denn nicht energische Taten folgen sollten. Es dauert extrem lange, bis die Stimmung kippt. Und selbst während sie umkippt, wird immer noch halbherzig versucht, in hybriden Lösungen einen »Workaround« zu suchen.

Die Banken haben endlich doch einigermaßen ausreichende Online-Lösungen gefunden, die aber die echten Online-Fans eher abschrecken und die klassischen Kunden nur so eben bei der Stange halten.

Otto druckte im Jahre 2018 zum letzten Mal einen Versandkatalog; brauchte den noch jemand? Katalog plus Online ist so eine hybride Strategie. Funktioniert das gut? Aus Kundensicht vielleicht, aber bei einem Halbjahreskatalog muss genau die Ware aufs Lager gelegt werden, die in den nächsten sechs Monaten nach besten Schätzungen abverkauft wird. Das erfordert einen genialen Einkauf und gute Lagerstrategien. Im Katalog muss »alles« abgedeckt werden, wenn treue Versandkunden möglichst alles für ihr Leben im nächsten Halbjahr bestellen sollen. Amazon dagegen optimiert die Lagerbestände ohne jeden Halbjahreszwang. Weg ist weg! Keine Garantie, dass alles sechs Monate lang verfügbar ist. Und wenn etwas nicht gut läuft, auch weg – sofort raus dem eigenen Sortiment; soll es doch ein anderer verkaufen! Und noch ein Problem: Die Katalogpreise müssen sechs Monate fest bleiben, bei Amazon ändern sie sich wie bei Tankstellen.

Kann das gut gehen, gleichzeitig Online und Katalog? Kann es gut gehen, wenn Banken nun jedem Kunden einen Online-Zugang bieten? Seit Jahrzehnten empfinden die Kunden die unfreundlichen Öffnungszeiten als arrogant und elitär (»Immer, wenn der Arbeitende Pause/Zeit hat, haben sie zu«). Wenn Kunden nun online gehen, kommen sie nicht mehr in die Filiale, warum denn auch? Wenn Kunden fast nur noch online ihr Banking betreiben – ist es ihnen dann nicht egal, bei welcher Bank sie ihr Konto haben? Und sie fragen sich jetzt, zum ersten Mal in ihrem Leben: Welche Bank ist die beste?

Die Berater freuen sich über das Unentschiedene im Dramadreieck. Sie bieten Multi-Channel-Aufstellungen, »Mehr-Säulen-Strategien« und andere Halb-so-halb-so-Hybride an, eben zwitterartige Zwischendinge. »Nichts Halbes und nichts Ganzes«, sagt der Volksmund.

Ich will nicht sagen, dass Hybrides immer schlecht ist, aber es lenkt eben davon ab, sich grundsätzlich mit dem Problem zu befassen.

Heute Morgen hat mir jemand aus der Dieselecke auf Twitter vorgerechnet, dass die vollständige Umstellung aller deutschen Verbrennermotoren auf E-Motoren eine ganze Weltjahresproduktion des seltenen und immer teureren Lithiums erfordern würde (10 bis 13 Kilogramm pro Autobatterie). »Das funktioniert nie! Nie!« Ich wandte ein, dass man ja nicht alle Autos auf einmal umstellt, sondern über zehn Jahre; dann könnte das Lithium reichen. Und außerdem soll man mir bitte nicht »Gestriges« vorrechnen – es gibt doch Forschung, wie es mit 5 Kilo geht oder ganz ohne Lithium! Ein paar Minuten später wurden denn auch Berichte von Natrium-Zellen herumgeschickt, die ohne (!) Lithium auskommen. Da kommt dann zurück: »Wer weiß, ob das geht!« – »Im Internet kann man bei Alibaba schon Natrium-Zellen für den Haushalt kaufen!« – »Aber nicht für Autos!« – »Doch, nächstes Jahr!« – »Aber die sind doppelt so schwer wie die Lithium-Batterien!« – »Bald nicht mehr!« – »Glaube ich nicht!«

Alle solche Diskussionen drehen sich um das kommende Neue. Der Streit wird oft persönlich, wie bei Mutter und Sohn im Dramadreieck. Hier in Deutschland wird gegiftet, mehr nicht. Es bleibt beim Streit. Das Problem schläft unten im Keller.

Um bei den Batterien zu bleiben: Die chinesische Firma CATL (wohl weltweit größter Batterieproduzent) wird demnächst Natrium-Zellen für Autos liefern, so die Ankündigung von CATL. Hier wird nur diskutiert. In Norwegen sind im Dezember 2021 jeweils nur gut je 3 (!) Prozent der Autos mit Diesel- beziehungsweise mit Benzinmotor ausgeliefert worden. Wir diskutieren hier, ob der Trend zu Elekroantrieben anhält. Zahlungsdienstleister wie Klarna (Schweden) oder Adyen (Niederlande) übernehmen wichtige Positionen im Internetzahlungsverkehr und freuen sich über satte Umsatzsteigerungen. Unsere Banken diskutieren: Gibt es nicht »Zwischenlösungen«? So etwas wie Hybride, Autos mit zwei Motoren? Banken mit hybrider Multi-Channel-Strategie?

Dazu braucht es keinen Unternehmergeist, keine Visionen und keine neuen BWL-Methoden.

Und wenn die Multi-Channel-Strategie nicht hilft? »Hey Berater, habt ihr eine Methode in eurem Bauchladen, am besten einen neuen Hype?«

»Übergang zum Omni-Channel-Konzept! Omni ist mehr als Multi.« – »Ah, das interessiert mich. Wir sollten Meetings und Workshops dazu haben.« – »Kein Problem, wir müssen nur noch die PowerPoints übermalen. Das Hauptproblem ist es, dass Multi einen Buchstaben länger ist, wir müssen alles grafisch neu ausrichten.«

Das war jetzt etwas zynisch, es könnte einen Dilbert-Cartoon zieren. Dann könnten Sie darüber herzhaft lachen. Das sollten Sie aber nicht.

29.

Die Organisation verhindert die Organisierung

Im Buch *The Character of Organizations* bespricht William Bridges unter anderem den Lebenszyklus von Unternehmen. Nach dem ersten konkreten Traum probiert man viel mit Prototypen herum, bis die ersten Kunden gefunden sind und erste Produkte geliefert werden können. Darauf folgt die Phase »getting started«, danach die Etablierung der Organisation. In der deutschen Ausgabe wird für »getting started« der Begriff der »Organisierung« benutzt. Auf die Organisierung folgt die Organisation, dann eine Phase sturen Festhaltens daran, dann ein »Einigeln«, schließlich der Tod.

Hier will ich den Finger in die Organisierungswunde legen: Die duldet ein Unternehmen nicht!

Alles, was neu ins Unternehmen will, muss – so wird hart befohlen – die schon lange felsenfeste organisation benutzen. Probieren verboten.

Innovatoren klagen unisono, dass sie auf »Bürokratie«-Beton prallen. Das ist nicht der eigentliche Punkt. Das Unternehmen ist nur nicht darauf vorbereitet, noch einmal etwas von Anfang an zu probieren und etwas neu zu organisieren. Das aber führt fast immer zum Ende der Innovation.

Ich kann eigene Beispiele beifügen: Ich habe als Chief Technology Officer der IBM so sehr viele Redeneinladungen bekommen, dass ich dazu überging, einen Star-Berater-Tagessatz in Rechnung zu stellen. Wie aber bekommt die IBM das Geld? Das geht so: Der Besteller der Rede überweist das Geld an die IBM. Das geht aber nur, wenn er eine Kundennummer hat. Da ich oft von kleinsten Eventfirmen gebucht werde, die alles für den eigentlichen Kunden organisieren, stoße ich auf das Problem, dass die Eventfirmen keine Kundennummer haben. Die müsste man anlegen. Das aber ist ein sehr komplizierter allgemeiner Vorgang für IBM-Kunden, die in der Regel für Millionen einkaufen oder auch bestellen. Neben vielem anderen muss zuvor die Kreditwürdigkeit geprüft werden. Daher ist mit der Einrichtung einer Kundennummer erheblich mehr Aufwand verbunden, als meine Rede einbringen würde. Und nun? Es wurde eine sehr komplizierte Geschichte, sage ich Ihnen.

Neues Beispiel: Die IBM Corporation verfügten aus den USA, dass alle Distinguished Engineers, zu denen ich gehörte, jährlich ein paar Tausend Dollar zur Verfügung gestellt bekämen, um einfach spontan etwas zu bezahlen. Problem: Es ist in einem Konzern nicht vorgesehen, dass jemand Geld ausgibt, ohne dass es eine Stufe höher nach Vorlage von Belegen genehmigt wird. Und nun?

Noch eins: Ich hatte einen kleinen privaten Tintenstrahldrucker von HP am Arbeitsplatz, das war erlaubt. Ich bestellte eine neue Farbpatrone. Das war im riesigen Einkaufssystem (»Procurement«) so kompliziert, dass ich lieber einen Experten dafür engagierte. Es war verboten, die Patrone gegenüber im Laden zu kaufen, weil der zentrale Einkauf eines Konzerns alles billiger einkaufen kann. Nach drei Wochen kam die Meldung, dass die Patrone nur 18 Euro kostete. Das sei unzulässig, weil das Bearbeiten einer solch kleinen Summe sich für den Einkauf nicht lohnen würde. Die Einkaufssumme müsse über 50 Euro liegen; ich könnte das Problem lösen, indem ich drei Patronen bestellen würde. Ich schrieb, dass die Patronen austrocknen, wenn ich viele kaufe. Keine Antwort. Ich bestellte drei. Nach drei Wochen kam eine Mitteilung über einen gerade erfolgten Politikwechsel: Man wolle nicht Produkte der Konkurrenz einkaufen; ich sollte statt der HP-Tinte No-Name-Patronen wählen, die seien viel billiger, nur 3 Euro das Stück. Da würde ich viel sparen. Ich fragte, ob ich jetzt 17 Patronen bestellen müsste …

Und schließlich, beispielhaft aus einem DAX-Konzern (aufgehübscht, aus drei Vorgängen einen gemacht): Ein kleines Innovatoren-Team hat über viele Feierabende ein Produkt entwickelt, das jetzt einige Kunden gegen gutes Geld kaufen möchten. Die Entrepreneure sind außer sich vor Freude und drucken ein Triumph-Plakat: Amph4 wie Amphore, sie finden die Abkürzung mit der 4 so schick. Sie hängen das Plakat zu Beginn der Mittagspause im Aufzug der Hauptverwaltung auf, um alle Mitarbeiter an ihrer Freude teilhaben zu lassen. Als sie nach dem Essen an ihren Arbeitsplatz zurückkehren, finden sie eine Aufforderung der Zentralen Unternehmenskommunikation vor – »Bitte um Rückruf«. Stolz melden Sie sich. Ihre Erwartungen sind hoch.

Es gibt aber eine kalte Dusche.

»Waren Sie das? Haben Sie das Plakat hingehängt?« – »Ja, das steht doch drauf!« – »Haben Sie dazu eine Erlaubnis eingeholt?« – »Nein, es war spontan.« – »So spontan kann es nicht gewesen sein, Sie haben es auf DIN A2 gedruckt, haben Sie einen Drucker dafür?« – »Nein, jemand hat uns einen Gefallen getan.« – »Darf er das?« Irritiertes Schweigen. »Ist das jetzt alles verboten?«

»Niemand darf Plakate drucken, ohne den Prozess durchlaufen zu haben. Das Logo muss korrekt an der vorgeschriebenen Stelle platziert sein. Die Botschaft muss nach allen Vorschriften positiv formuliert sein. Sie haben nichts davon beachtet. ›Wir hoffen, unser Amph4 kommt groß raus‹ geht gar nicht, das ist ein Wunsch, aber keine positive Feststellung. Haben Sie den Namens-Clearing-Prozess für Amph4 durchlaufen?« – »Nein, was ist das?« – »Die Corporation muss jeden Namen genehmigen. Wir müssen dazu vorher alle Copyrights abchecken und peinlich genau prüfen, ob der Name in irgendeiner Sprache ungehörig ist, Gefühle verletzt oder lachhafte Assoziationen auslöst. Sie müssen den Namen einreichen und bekommen in der Regel schon nach zwei bis drei Monaten einen Bescheid.« – »Und wenn der Bescheid negativ ist?« – »Schicken Sie einen neuen.« – »Okay, wie schätzen Sie die Chance ein, dass Amph4 genehmigt wird?« – »Nach unseren Erfahrungen nahe Null.« – »Dann schicken wir am besten gleich zehn Vorschläge, oder?« – »Das könnte Ihnen so passen. Immer nur einen.« – »Aber wenn es jedes Mal zwei Monate dauert, ist unsere Innovation tot!« – »Das sagen alle, außerdem dauern Innovationen hier meist viele Jahre, da geht es sich aus. Ist egal, haben Sie 20 000 Euro Abteilungsbudget für ein Plakat?« – »Wieso? Wir haben für das ganze Amph4-Projekt nicht so viel.« – »Plakatanträge müssen genehmigt werden und dabei einen strengen Prozess durchlaufen. Es ist für uns in der Unternehmenskommunikation unbedingt nötig, die Mühen für ein Plakat hochzutreiben, damit der Missbrauch von übergeschnappten Abteilungen aufhört. Anschließend muss das Plakat textlich abgestimmt werden. Das ist ein beträchtlicher Aufwand, für den wir aber effiziente Lösungen entwickelt haben. Wir nehmen für alles den einheitlichen Header ›Großartige neue Innovation‹ und verstärken die Lust des Lesers, indem wir das kommende Produkt standardisiert loben: effektiv, brandneu, jahrelang bewährt und so. Immer derselbe Text im selben Layout. Unten fügen wir eine Zeile ein, dass es sich um Amph4 handelt, für das der nun brennend interessierte Kunde eine Menge Infos aus einem Call-Center bekommen kann, wofür Sie natürlich bezahlen müssen. Es ginge zur Not auch eine dieser neumodischen Webseiten, aber die sind sehr teuer und müssen einen noch strengeren Prozess durchlaufen. Wenn das Plakat genehmigt ist, muss es schließlich von unserer Standardagentur von Grund auf neu designt werden, und zwar in unseren Standardfarben. Dieser Prozess muss vorfinanziert werden, und zwar durch Sie. Damit sich der Druck der Plakate überhaupt lohnt, werden immer mindestens 250 Stück gedruckt, die Sie vorab kostenpflichtig übernehmen müssen.« – »Wir brauchen doch nur eins!« – »Dann schmeißen Sie den Rest weg, das wird meistens so gemacht, wenn wir unsere Flyer nach den Messen am Stand auffegen müssen.«

»Wir wollen das nicht!« – »Ist schon klar, Sie haben eben keine Ahnung, wie schwierig und langwierig Innovationen in unserem Unternehmen sind. Es soll Ihnen eine Lehre sein, damit Sie nicht alles auf die leichte Schulter nehmen. Wir haben Ihr Plakat schon aus dem Aufzug entfernt und vernichtet.« – »Gibt es einen Prozess, der Genehmigungen für das Vernichten von Plakaten erteilt?« – »*Nice try*, natürlich gibt es den. Wir sind nach allen Seiten abgesichert. Das ist unser Job. Denken Sie bloß nicht, Ihre Innovation ist die einzige, die wir zügeln müssen.«

Anderer Konzern: Ein kleines Team entwickelt ein Sensationsprodukt und gewinnt schnell Aufträge in Millionenhöhe. Jetzt müssen die Intrapreneure nach der Konzernlogik schnell fähige Mitarbeiter in ihren Bereich versetzen. Das dauert in einem Konzern Monate. Neueinstellungen sind oft verboten – Einsparen! Man bedeutet dem Team, dass es wohl »nicht so einfach geht, schnell schon gar nicht, sie sollen die Kunden hinhalten«. Die Innovatoren schreien fast auf! Sie wollen all dies nicht: Sie wollen eine Menge Werkstudenten von der Uni anheuern, die sehr wenig kosten. Bei hohem Wachstum möchten sie die besten von ihnen nach und nach in Festeinstellung übernehmen. Abgelehnt. »Wenn wir Skills brauchen, die wir nicht haben, engagieren wir normalerweise Berater von einem Verbundunternehmen.« Die kommen, kosten aber 1000 Euro pro Tag, also so viel wie ein bis zwei Studenten im Monat. Nach einiger Zeit stellt das Management fest, dass die Innovation nicht genug Geld verdient, um die Berater zu bezahlen. Stopp.

Konnten Sie lächeln und genießen? Leider steckt dahinter eine Art finstere Erfahrung: Wenn Sie irgendetwas Neues in einem Unternehmen anstellen wollen, laufen Sie sofort auf – und zwar so, dass Sie wahrscheinlich gleich aufgeben müssen. Was die feste und sture Organisation nicht kann, lässt sie nicht zu. Es geht – oder meist eben nicht. Ein »Organisieren« einer neuen Geschäftsmöglichkeit ist nicht drin. In meinem ersten Buch *Wild Duck* von 2000 (geschrieben 1998/99, gerade als Google gegründet wurde) ließ ich schon Dampf ab: Ich hatte der IBM flehentlich so etwas wie Google Maps ans Herz gelegt, so etwa 1995 – bevor es Google gab. Abgelehnt. »Wir sehen nicht, wie man damit Geld verdienen kann.« Ich: »Wir lassen uns den Eintrag von Zahnärzten oder Hotels bezahlen, vielleicht 10 Euro pro Jahr.« – »Wie viele Verträge wollen Sie da machen?« – »Millionen.« – »Wie viele Vertriebsbeauftragte brauchen Sie, um diese Kunden alle zu besuchen?« – »Wir machen das übers Internet.« Abgelehnt. Erst später wurde mir klar, dass diejenigen, die diese Einträge in unserer digitalen Kartei bestellen würden, leider keine Kundennummer haben und so weiter und so fort.

Ich will sagen: Alles Neue stößt auf viele, meist kleine, aber unüberwindbare Hindernisse.

Die großen Konzerne haben das wohl immer noch nicht verstanden. Sie kaufen jetzt Beteiligungen an Start-ups, um von ihnen »zu lernen«, wie die das machen. Da gibt es doch nichts zu lernen! Die drucken Plakate für das neue Produkt mit neuem Namen ohne Prüfung, die kaufen einen DIN-A2-Drucker im Laden und verkaufen ihre Produkte und Services über eine Webseite. Ohne Vertrag, ohne Kundennummer, einfach PayPal-Express. Hallo Großunternehmen, das macht man wenigstens anfangs so!« – »Bei uns aber nicht.« Und ich frage mich dann, was die Großunternehmen von Start-ups wirklich lernen. Ach, ich weiß es ja: nichts.

Denn sie zwängen das Neue in ihre angestammte und seit Langem bewährte Organisation. Sie verstehen nicht, dass Neues eine andere und oft ganz neue Organisation verlangt.

Manchmal ist die alte Organisation so betonfest, dass Neues an ihr abprallt.

Zum Beispiel: Ein großer Handelskonzern hat viele Märkte über das Land verteilt. Diese Märkte haben eine gewisse Preisautonomie. Ihr Marktleiter setzt die Preise je nach Wettbewerbsumfeld höher oder tiefer an. Er hat volle unternehmerische Freiheit. Wenn dieser Konzern nun auch einen Online-Shop eröffnen will, erscheint das Problem, dass dort die Preise für alle gleich sein müssen. Das wollen die Marktleiter nicht! Jahrelanger Streit. Zwischendurch kommen Schnapsideen auf: Der Kunde muss vor dem Anschauen der Produkte im Internet seine Postleitzahl eingeben – damit er ab jetzt seine regionalen Preise präsentiert bekommt. Geht das? Kommt es irgendwann heraus? Was, wenn dann die Medien über das Unternehmen herfallen?

Das Neue muss manchmal eine gravierende Reorganisation des Alten erzwingen, um sich organisieren zu können ... Alles endet in noch mehr Meetings für die Tonne, in denen nach unschädlichen Auswegen gesucht werden muss.

30.

Das planmäßige Kränken der Leistungsträger

Es gibt eine sehr plakative Studie mit dem Ergebnis »Oscar-Preisträger leben länger«. Dabei wurde die Lebenserwartung der Preisträger mit all jenen Nominierten in der ersten Sitzreihe verglichen, die eben nicht zu einer Laudatio auf die Bühne dürfen. Die Preisträger kamen im Durchschnitt auf 79,7 Jahre, die Nominierten nur auf 75,8 Jahre. Schauspieler mit mehreren Oscars leben im Durchschnitt noch zwei Jahre länger als die Einmalgewinner. Es ist jedem, auch den Nominierten klar, dass die Auszeichnungen auch politisch vergeben werden, dass Quoten eingehalten werden sollen, dass Filme plötzlich in die Zeit passen und jetzt »den Preis bekommen müssen«. Aber die Niederlage, nicht aufgerufen zu werden, schmerzt sehr.

Genauso verhält es sich mit den Leistungsträgern in den Unternehmen. Man nominiert in vielen Firmen vielleicht 10 Prozent der besten Mitarbeiter, ins Management aufzusteigen. Die werden erst durch ein paar Wochen Aufbaukurse geschleust, danach prüft man sie per Stressinterview auf Herz und Nieren und schickt sie schließlich in ein Assessment. Die Leistungsträger treffen sich dort: »Aha, du bist auch dabei?«

Am Ende der Prozedur wird ein Drittel ins Management befördert. Ein Drittel sind »Preisträger«. Die restlichen zwei Drittel der Nominierten sind schrecklich enttäuscht.

Das Auswahlverfahren führt zu einem katastrophalen Flurschaden.

Aus meinem Leben: Auf der anderen Seite des Flurs schaute mich ein Mitarbeiter oft böse an. Ich fragte mich, was ich ihm angetan haben könnte – es gab aber lange keinen Grund, ihn anzusprechen. Da ergab es sich, dass wir beide zusammen im Auto zu einem Kundenbesuch aufbrachen. Ich bat ihn, den folgenden Satz zu kommentieren: »Du magst mich nicht.« Er schwieg mich eine Weile ernst an und erklärte sich: In derselben Zeit, als ich Manager wurde, ging auch er durch die Assessment-Mühle. Er fiel durch, ich nicht. »Wenn ich dich sehe, schießt mir die Ungerechtigkeit in den Kopf, die man mir angetan hat. Ich finde mich nicht schlechter als dich. Ich habe nichts gegen dich, aber mein Hass auf die Firma hat dein Gesicht.« So brach es eine Stunde lang aus ihm heraus …

Blicken wir auf ein anderes Feld: Stipendien für Hochbegabte. Dort werden wieder die besten paar Prozent vorgeschlagen, aber nur etwa ein Drittel von ihnen bekommt ein Stipendium. Absagen kommen so kalt unpersönlich wie bei Bewerbungen: »Tut mir leid. Sie werden verstehen, dass bei der Masse der Bewerbungen keine Gründe mitgeteilt werden können.« Wieder bleiben zwei Drittel der Toptalente enttäuscht mit »niedrigerer Lebenserwartung« zurück.

Muss das sein?

Ich kenne viele »gefühlte Versager«, die sich wie im obigen Fall »auskotzen«. Ich hatte das »Glück«, in vielen Jurys mitzuentscheiden; ich weiß, wie dicht das Bewerberfeld ist. Ich weiß, was zählt und was nicht. Ich kenne die Zufälle in Meetings, ich weiß um Antipathien und Sympathien. Ich selbst litt auch unter Absagen (davon gab es so einige). Sie haben nicht so wehgetan, weil ich die Unwägbarkeiten des Systems kannte und mir keine Gedanken um vermeintlich dunkle Vorgänge machen musste. Das gilt für die meisten Abgelehnten nicht. Wie reagieren sie?

- **Nichtbeförderte:** »Wir sehen ja, wer nun befördert wurde. Unfähig, ein Schwätzer, ein Hohlkopf, eine taube Nuss. Was ist das für eine Firma, in der solche Leute mir vorgezogen werden. Es ist nun schon das dritte Mal, dass einer an mir vorbeirauscht. Sie müssen sich gegen mich verschworen haben, oder sie wollen nur Windeier!«

- **Nichtstipendiaten:** »Ich kenne ein paar, die das Stipendium bekommen haben. Arrogante Affen, sie haben mich noch betont bemitleidet, als sie von meinem Fail erfuhren, diese Schweine. Was ist das für ein Stipendienwerk, das solche Leute auswählt? Welche irren Kriterien müssen die wohl anlegen? Ich werde mich nie wieder bewerben, da habe ich meinen Stolz. Ich will nichts mit solchen arroganten Pinkeln gemein haben.«

So entsteht in Unternehmen ausgerechnet in absoluten Topleuten ein Hass gegen Vorgesetzte, gegen erfolgreiche Kollegen und vor allem gegen das Unternehmen selbst.

> Die Topleute wissen ja, dass sie gut sind – so wie die Oscar-Nominierten auch.

Sie grübeln aber nutzlos lange Zeit, was wohl der ausschlaggebende Unterschied gewesen sein mag. Im besten Fall kostet es das Unternehmen für drei bis sechs Monate die Motivation ihrer Besten. Viele Leistungsträger reißen sich aber dauerhaft kein Bein mehr aus. »Mehr haben die da oben nicht verdient. Wenn ich nur 80 Prozent leiste, bin ich immer noch top.«

Und es gibt eine noch profanere Schmähungsfront. Bei IBM musste ich als Manager allen Mitarbeitern eine Jahresnote geben. Das ist nicht so schwer: Es gibt Topleistungen, durchschnittliche und mäßige Leistungen: Eins, Zwei, Drei, in selteneren Fällen auch Vier und Fünf. Nach diesen Noten wurden die Gehaltserhöhungsspannen vorgegeben. Alles im Grunde okay. Kein Problem.

Nun aber wurde das System in gewisser Weise missbraucht – und zwar vom Management. Viele Manager gaben einfach viel zu gute Noten – so wie es früher angeblich der Religionslehrer praktizierte. Dadurch bekamen viel zu viele Leute satte Gehaltserhöhungen. Die Firma wollte die hohen Gehaltserhöhungen natürlich nicht bezahlen, also wurde uns Managern eine Durchschnittsnote über die Abteilung hinweg aufgezwungen.

Ich hatte damals eine All-Star-Abteilung im Wissenschaftszentrum und musste nun »die Gauß-Glockenkurve einhalten«. Also mussten stets einige Topleute deutlich unter ihrer Leistung bewertet werden. Noch schlimmer: Ich sollte schriftlich begründen, wie ich zu meinem Urteil kam, damit die Akten stimmten. Ich war also nicht nur gezwungen, zu schlechte Noten zu geben, sondern diese auch entsprechend mit Argumenten zu untermauern. Was macht das mit Topleuten? Sie beäugen sich nun innerlich wütend. Wer hat eine Eins bekommt und warum? »Warum nicht ich?«

Diese innere Wut haben die mäßigen Mitarbeiter nicht so sehr, »sie sind Prügel gewöhnt«. Sie wissen, was auf sie zukommt. Fazit: Besonders die Topleute werden tief beunruhigt und öfter schwer gekränkt.

Es geht noch weiter: Manchmal gab es Sonderaktionen. Manager durften zum Beispiel als Auszeichnung Mitarbeiter für acht Wochen als IT-Botschafter nach Nigeria schicken. Aber: Es durften nur Mitarbeiter nominiert werden, die in den letzten Jahren durchweg Topnoten hatten. Da schieden alle Topleute mit einer erzwungen ungerechten Note in den Vorjahren aus. Die Topleute erkannten, dass sie sich in eine grottenschlechte Abteilung versetzen lassen müssten, in der sie ganz unangefochten immer eine Topnote bekämen.

Gehen wir an die Uni: Als ich Professor an der Uni Bielefeld war, vergaben wir Noten für Doktorarbeiten nach der folgenden unausgesprochenen Regel: Summa cum laude für Leute, denen auf Grund der Arbeit eine Professur in Reichweite schien; höchstens magna cum laude für solche, denen wir keine Uni-Laufbahn zutrauten. Ich habe mir später alle Noten und Laufbahnen angeschaut: Wir hatten über 90 Prozent Trefferquote! Fast alle mit summa cum laude wurden Professor und nur eine minimale Anzahl der schlechter Benoteten schaffte eine Uni-Karriere.

Irgendwann aber (ich weiß es aus anderen Unis) begannen Professoren, möglichst viele Doktorarbeiten mit summa cum laude zu bewerten. Werten sie sich damit bei ihrer eigenen Leistungsbewertung auf? »Ich hatte zehn summa cum pro Jahr; mein Lehrstuhl ist sensationell erfolgreich.« So? Oder darf ich zynisch werden? Merke:

»Man muss eine Arbeit nicht durchlesen, wenn man sie zu gut bewertet.«

Auf diese Noteninflation folgte die Gegenwehr. Die intellektuell wertvolle Uni-Verwaltung gab eine Quote vor – nur soundso viele Bestnoten pro Jahr pro Fakultät. Was passierte? Ungefähr ab Mai gab es nie mehr summa cum laude, weil die Quote erschöpft war. Das sprach sich herum. Es kam nun darauf an, die Dissertation im Dezember abzugeben für eine Note im Januar.

Ich will sagen: Schilda mit den Schildbürgern ist überall. Und die Topleute werden sinnlos hin und her geschoben; sie fühlen, dass eine Topleistung zusätzlich großes Glück braucht, um als solche anerkannt zu werden. Das schlaucht und demotiviert.

Ich habe das oft angeprangert und mir fast jedes Mal die Frage eingefangen: »Was soll man konkret tun?« Meine Antwort: »Das Management soll objektiv urteilen und nicht opportunistisch.« – »Aber Manager sind nun einmal opportunistisch.« – Ich erwidere: »Im Assessment-Center werden sie aber so ausgewählt, dass sie nicht opportunistisch sind.« – »Sie werden es am Ende doch.«

Ja, sie werden es – in einem Ausreichend-Unternehmen.

Wegen der damit verbundenen Hilflosigkeit gibt es nun viele Hypes, wie Ziele vereinbart werden und wie man was belohnt. Die gerade neuen Regeln werden jedes Jahr geändert – es will nicht klappen. Niemand arbeitet daran, das Management vom Opportunismus abzuhalten. Das Management ist sein eigener Feind und versucht vergeblich, sich selbst in Schranken zu halten. Alles für die Tonne, die opportunistischen Verhaltensweisen bei der Leistungs-»Messung« und das immer weniger vergossene Herzblut der Top-Performer.

Und ich frage Sie als Leistungsträger: Wie viele Lebensjahre kostet Sie persönlich Ihre harte oder gar willkürliche Behandlung durch Ihre Chefs? Wie viele Monate wütet etwas in Ihrem Körper? Wie viele Monate Betriebsrente spart Ihr Unternehmen dadurch ein?

31.

Der Homo Oeconomicus und »Neurotic Leadership Programming«

»Sind denn jetzt alle verrückt geworden?« So denken wir oft über die da oben. Tatsächlich könnte da etwas dran sein – so will ich hier rabenschwarz sarkastisch argumentieren. Das »Gestörte« ist sicherlich die allergrößte Quelle von Unsinn und Vergeblichkeit der Bemühungen. Interessant ist, dass wir diese Wahrheit tief fühlen, aber wir reden nicht gerne darüber. Es soll uns lieber nicht bewusst werden, und als Diskussionsthema ist dieser Komplex nicht politisch korrekt. Ich flüchte also in übertriebenen Sarkasmus, den Sie in dieser Form schon wieder fast genießen können, weil er zu fern ist, um Sie selbst zu treffen.

Es ist schon lange her: Ich hatte eine Redeschlacht mit jüngeren Leuten, weil ich behauptet hatte, dass ziemlich viele Mitarbeiter und Manager glatt neurotisch agieren – oder wie man heute korrekter sagt, in der Schwere-Skala bestimmter Persönlichkeitsstörungen mit bedenklich hohen Werten gemessen werden können. Die streitbaren Personen, die mich damals niedermachten, arbeiten nun selbst an verantwortlicher Stelle und stöhnen schlimmer als ich damals. Fazit: Man muss es mit eigenen Augen sehen und mit fieberndem Magendruck körperlich erfahren.

Die Wirtschaftswissenschaft aber klebt zu sehr an der Idee des rationalen Homo Oeconomicus und hat deshalb kaum praktische Relevanz. Das Problem: Professoren halten sich selbst für rational! Das stimmt eventuell für ihre Forschung, aber doch nicht für ihre Persönlichkeit!?

Das so häufig glatt Verrückte in den Chefetagen habe ich einst im Buch *Direktkarriere* genüsslich breitgetreten, davor habe ich ein

Buch über den *Abschied vom Homo Oeconomicus* publiziert. (Beide sind vergriffen und nur noch als E-Book zu beziehen.) Hier nur eine sehr kurze Skizze daraus.

Psychopathen im Management: 2005 veröffentlichten Belinda Jane Board und Katarina Fritzon die Ergebnisse einer heute weltbekannten Studie (*Disordered personalities at work*. Psychology, Crime and Law, 11, 17–32). Sie interviewten 39 hochrangige Executives von britischen Firmen und führten mit ihnen Persönlichkeitstests durch. Sie verglichen die »Neurosewerte« dieser Topmanager mit denselben Werten von geistig Kranken, von Menschen mit psychopathischer Persönlichkeitsstörung und Patienten in klinischer psychiatrischer Behandlung.

Die Tests bezogen sich auf elf verschiedene Merkmale oder Neurosen, die man normalerweise in der Psychologie als Persönlichkeitsstörungen unterscheidet: histrionisch (»Theatralische Persönlichkeit«, früher sagte man hysterisch), narzisstisch, zwanghaft, antisozial, abhängig, borderline, passiv-aggressiv, paranoid, schizotypisch, schizoid, vermeidend.

Was kam heraus? Die Executives toppten alle Vergleichspersonen in den Werten für »histrionic« und zogen bei »zwanghaft« und »narzisstisch« mit den klinischen Patienten in etwa gleichauf.

Neben mir an meinem Arbeitsplatz steht immer eine kleine Handbibliothek, dabei auch die Diagnosestandardwerke für Persönlichkeitsstörungen. Die schlug ich damals auf, als ich von der eben zitierten Studie erfuhr. Was genau ist »zwanghaft«? Im *DSM IV* stehen acht Aussagen über Zwanghaftigkeit, die man zur Diagnose nutzt. »Treffen mindestens vier der folgenden acht Statements auf Ihren Patienten zu?«

Gleich das erste Statement haute mich glatt um; ich wurde sofort in das Thema hineingezogen.

»Der Zwanghafte beschäftigt sich so sehr mit Details, Regeln, Listen, Verordnungen, Organisationsfragen und Zeitplänen (›schedules‹), dass er oft das Hauptziel seiner Tätigkeit aus den Augen verliert.«

Bingo, dachte ich, da kenne ich lebende Prachtexemplare. Ich blätterte sofort zu »hysterisch-histrionisch« und ließ meine Augen schnell über das erste Kriterium gleiten:

»Die theatralische Persönlichkeit fühlt sich in Situationen unwohl, in denen sie nicht im Zentrum der Aufmerksamkeit steht.«

Nochmals Bingo! Solche Leute kannte ich auch. Weiter, weiter zum Narzissmus:

»Der Narzisst hat einen grandiosen Sinn für die eigene Bedeutung, er übertreibt alles, was er erreicht hat, er überschätzt seine Talente, er erwartet von allen anderen, dass sie ihn als Homo Superior anerkennen, ohne das er etwas Adäquates vorzeigen kann.«

Das sind jeweils nur die ersten beschreibenden Elemente der drei angeführten Typen. Ich studierte mich tiefer hinein. Ist es so, dass Persönlichkeitsstörungen bei der Karriere weiterhelfen? Theatralische prahlen als Marketing-Chef? Zwanghafte blockieren die Hauptverwaltung mit perfekten Formularen wie detailverbissene Beamte? Kann es sein, dass die Gestörten zwar viel Unsinn anzetteln, aber wegen ihrer Störung so auftrumpfend auftreten, dass man sie befördert? Aus diesen Gedanken formte sich mein Buch *Direktkarriere*. Ich schrieb es als rabenschwarze Satire in der Form eines Ratgebers, in dem ich Karrieristen dringend ans Herz lege, sich im Vorspielen von Neurosen zu üben und dadurch nach oben zu fallen.

Grundidee: »Entdecke die Kraft der Neurose in dir!«

NLP oder Neurotic Leadership Programming ist meine entsprechende Lehre. Ich möchte, dass Sie vier bis fünf Persönlichkeitsstörungen perfekt vorzuspielen lernen, und zwar unbedingt in der richtigen Reihenfolge. Man beginnt am besten mit antreibender Hetze (»Hyperaggressive und Stress erzeugende Persönlichkeit«) und arbeitet sich bis zum Narzissmus hinauf. Ich habe damals für meine Homepage ein fetziges Advertorial geschrieben, das ich statt einer genauen Beschreibung hier anfüge. Ein Kritiker befand bei Amazon, es lese sich wie Waschmittelreklame; er nahm das Buch für bare Münze. In der *Financial Times* wurde damals angemerkt, dass die zynischen Strategien des Buches wahrscheinlich sogar funktionieren und sicherlich von Möchtegern-Machiavellis geliebt würden. Atmen Sie tief durch, das wird stimmen. Von meiner Homepage:

»Durch die revolutionären neuen Einsichten des Neurotic Leadership Programming lernen Sie Schritt für Schritt, ganz direkt nur Ihre Karriere zu verfolgen, ohne sich durch echtes Arbeiten zu sehr ablenken zu lassen. Wer nur gut arbeiten will, lese alle anderen ganz überflüssigen Bücher, die es kilometerweise gibt! Hier gaukeln Ihnen durchweg Scharlatane etwas vor! Sie wollen durch die Lehre von allerlei Erfolgsmethoden nur mit Workshops Geld wie Heu verdienen. Lassen Sie den Gedanken fallen, im Management aufgrund von Leistungen befördert werden zu wollen. Liebe Leute, wir alle werden in der Realität doch nicht wegen eines Erfolges befördert, sondern wegen des Potenzials, das in uns steckt! Es kommt auf die richtige Haltung an! Dies Buch zeigt, wie Sie großes Potenzial demonstrieren, hier geht es nur um Sie! Hier erfahren Sie, wie Sie die vier großen Stufen der Direkt-Karriere meistern! Gleich nachdem Sie rasch die unterste Seinsstufe des harten Arbeitens verlassen haben, also dem Dasein eines Mitarbeiters entronnen sind (›Hard Work‹), geht es zügig in diesen Schritten bergauf:

- **Unteres Management** (finster entschlossen ein möglichst einfaches Ziel anstreben – oder vielleicht besser noch ein offensichtlich unerreichbares, denn das zeigt Mut und Schneid; das Nichterreichen wird immer verziehen; Treibkraft: Hyperaggression)

- **Mittleres Management** (alles nach Zahlen gleichschalten, wie besessen kontrollieren und alle Unterstützungsbitten erst einmal mehrfach ablehnen; Treibkraft: Zwanghaftigkeit)
- **Oberes Management** (ständig über Wandel reden und ihn dadurch vortäuschen; Treibkraft: Hysterie, Histrionie, Theatralik)
- **Boss** (hochfliegende Pläne verkünden und das Unternehmen aufs Spiel setzen; Treibkraft: Narzissmus, Manie)

Direkt-Karriere ist Karriere um ihrer selbst willen! Zuerst lernen Sie, grimmig entschlossen hinter einem nur scheinbar großartigen Ziel hinterherzuhetzen, das Sie als »ehrgeizig« verkaufen. Das kann eigentlich jeder. Im mittleren Management organisieren Sie alles nach engstirnigen Rezepten und formen die Menschen zu Org-Orks. Nichts einfacher als das! Noch höher hinauf glänzen Sie mit Aktionismus in Meetings. Dazu müssen Sie lernen, hochdramatisch aufzutreten, um Ihre Konkurrenten zu toppen. Bedenken Sie: Unten in der Hierarchie agieren Sie als Direkt-Karrierist noch in der tumben Masse, aber weiter oben sind Sie in Ihrer Art bald nicht mehr ganz allein, wenn meine Lehre mehr und mehr Jünger anzieht. Ganz oben gewinnt der auf Charisma trainierte Schaumschläger, der die Vollmacht hat, große Risiken einzugehen. Dazu reichen im Prinzip große Worte und ein paar Würfel, aber Sie brauchen natürlich ein bisschen Talent und eben Glück, sonst bleiben Sie an Ihrem Ende nur auf einer fetten Abfindung sitzen. Haben Sie dieses Quäntchen Fortune? Man wird Sie grimmig beneiden und über Sie verächtlich herziehen, etwa so: ›Der Kunde hat den Schund sogar gelobt!‹ – ›Diese Leistung war ein Witz!‹ – ›Immer werden die Großklappen und Schaumschläger an mir vorbei befördert. Es sind doch bloß Schauspieler!‹ Währenddessen füllt sich Ihr Konto, denn Sie tun, wozu Manager da sind: Sie profitieren. Manager sind heute wegen der häufigen Krisen der Weltwirtschaft verhasst, als deren Urheber sie gelten. Dabei steckt aber nur die Wirtschaft an sich in Schwierigkeiten, na und? Die Gehälter der Manager steigen die ganze Zeit, und zwar nachhaltig, wie doch alles sein soll. Wo ist also das Problem?

Meine Lehre des Neurotic Leadership Programming ist die satirische Antwort auf die Diskussion um ›verantwortungslose Manager‹.

Wer solche verachtet, mag beim Lesen grimmig lachen. Wer so werden will, weiß jetzt, wie es geht. Wer noch immer fleißig arbeitet und nicht befördert wird, versteht jetzt, warum.«

So weit der Text meiner Homepage. Kombinieren Sie das Gallige dieses Textes in Ihren Gedanken schon mit *Keine Sinnfragen, bitte?* Wenn Sie einen Direkt-Karrieristen als Chef haben, so mein Rat, suchen Sie lieber das Weite.

Auf den letzten Seiten meines Buches regte ich nur aus Spaß und als launigen Abschluss an, alle nur denkbaren Persönlichkeitsstörungen auf ihre Tauglichkeit bei der Arbeit zu untersuchen. Der berühmte Psychologie-Altmeister Alfred Adler sprach in seinem Werk immer von den »Nervösen«. Eine wunderbar treffende Aussage hat sich mir dauerhaft eingeprägt:

»Der Nervöse stellt die Normalen in seinen Dienst.«

Genau das ist die Stärke und Kraft der Neurose! Wir kapitulieren vor der Sturheit des Gestörten. Gehen Sie in Gedanken die Jahre mit Donald Trump durch. Wir haben ihm täglich mehrmals »bewiesen«, dass er nicht so gut ist, wie er prahlt – keine Chance, bei ihm damit durchzudringen. Genauso kapitulieren Sie wie wir alle vor Zwanghaften, die Umsatzschätzungen der nächsten fünf Jahre auf zwei Nachkommastellen verlangen. Sie können über den Starrsinn dieser Leute wüten und zürnen. Es hilft nichts, am Ende erfinden Sie die geforderten Zahlen, dann ist Ruhe. »Ich habe mir Mühe gegeben, die Umsatzschätzungen in zehn Jahren auf vier Stellen hinter dem Komma genau zu berechnen, hier sind sie.« – Zwanghafter: »Ich habe aber nur zwei Stellen verlangt.« – »Vier Stellen sind genauer, freuen Sie sich!« – »Die Excel-Tabelle ich aber nur auf zwei Stellen ausgelegt.« – »So ungenau arbeiten Sie? Okay, ich runde meine Zahlen auf zwei Stellen.« – »Nach welchem Verfahren runden Sie? Es muss schon genau sein.«

In wundervollen Einser-Unternehmen cancelt man die Gestörten. In Ausreichend-Unternehmen aber lassen sich alle von den Gestörten täuschen …!

Nachtrag: Ich habe eben beim Schreiben im *DSM IV* geblättert. Da steht als erstes Kriterium für die »abhängige Persönlichkeit«:

»Die abhängige Persönlichkeit hat Schwierigkeiten, irgendwelche Alltagsentscheidungen zu treffen, ohne dass sie exzessive Mengen von Rat und Anweisungen einholt; sie sucht ständig die Rückversicherung anderer.« Und später: »Initiiert nichts von selbst.«

Sie müssten hierüber förmlich zusammenzucken: Ein so gestörter Mitarbeiter passt perfekt zu seinem gestörten Chef!

Vielleicht reichen diese vorstehenden Sarkasmen schon aus, dass Sie jetzt beim bloßen Gedanken an den rationalen Homo Oeconomicus schaudern. Aber es gibt ihn doch, den unverrückbaren Glauben an den Homo Oeconomicus.

»Homo Oec, bringt dir A oder B mehr Nutzen?« – »Oh, eindeutig A.« – »Dann, Homo Oec, funktionierst du nach dem Lehrbuch so, dass du stets A wählst.« – »Oh ja, A ist besser, aber kann ich da sicher sein? Ich muss mich rückversichern. Wenn es hart auf hart kommt, findet mein Lebenspartner B besser, oder die Leute im Dorf lachen, wenn ich A wähle. Ich warte lieber, bis mir einer befiehlt, was ich nehmen muss, das macht mein Chef bei der Arbeit und mein Lebenspartner daheim.« – »Wenn du nun aber B ganz schlimm findest, würdest du dir trotzdem B befehlen lassen?« – »Ja, das ist oft mein Problem, ich leide dann.«

Rationale Leser wenden nun ein, dass die abhängige Persönlichkeit und generell die gestörte eben ihre eigene Logik hat und nach dieser Logik rational handelt. Na gut, wenn Sie die Theorie unbedingt retten wollen, dann haben Sie eine, die nichts mehr nützt, wie alle die »mathematischen« Theorien der Volkswirtschaft.

Ich jedenfalls kenne Leute wie Dr. Jekyll und Mr. Hyde, die je nach Bewusstseinszustand die Logik wechseln.

Zum Beispiel sagen Manager in Wachstumsphasen: »Mitarbeiter sind mein wertvollstes Gut.« Und später, wenn es bergab geht: »Mitarbeiter sind wie ein Klotz an meinem Bein – alle nur Kostentreiber, es ist zum Verzweifeln.« In normalen Phasen, wenn es nicht zu arg verrückt zugeht, sagen sie beides gleichzeitig. Manche Manager achten sogar darauf, was sie wem sagen. Das ist allerdings schon hohe Schule.

Übrigens sind Wirtschaftswissenschafter und Psychologen diejenigen, die generell auf die Ergebnisse von Studien und Statistiken schwören. Sie fragen Unternehmen: »Wie ist die Stimmung?« Darauf bekommen sie »geziemende« offizielle Antworten: »Eher positiv/negativ« ist geziemend, man antwortet nicht mit »Jubel/Desaster«. Daher verschätzen sich alle Wissenschaftler in der Amplitude. Sie schätzen die Hochphase zu pessimistisch ein und nehmen auf der anderen Seite die heraufziehenden Probleme nicht so ernst, wie sie dann werden.

Kurz: Die Zahlengläubigen sind immer so »überrascht«, dass das Pendel stets viel weiter ausschlägt, als sie prognostiziert haben. Das finden sie »interessant«, sie verstehen aber nicht die Wahrheit dahinter, dass sie Ausreichend-Wissenschaftler sind, solange sie den Befragten die reine Vernunft im Sinne des Homo Oeconomicus unterstellen.

Zurück zum Thema des hier vorliegenden Buches: Die Persönlichkeitsstörungen in Mitarbeitern und Managern führen vielleicht zu dem allergrößten Anteil, den wir für die Tonne arbeiten. Wir merken das nicht wirklich, nur manchmal bei den anderen. Immer die anderen!